뉴턴과 아인슈타인,

우 리 가 몰 랐 던

천 재 들 의 창 조 성

뉴턴과 아인슈타인, 우리가 몰랐던 천재들의 창조성

Newton

Einstein

홍성욱 · 이상욱 외 지음

창비

| 책머리에 |

유난히 주변의 사물을 꼼꼼히 관찰하길 좋아하는 한 학생이 있었다. 그는 과학자가 되고 싶었다. 그가 뉴턴의 사과 이야기를 처음 들었을 때 정말 기가 팍 죽는 기분이었다. 세상의 모든 물체가 서로 잡아당기는 힘이 있다는 사실과 그 힘의 정확한 수학적 형태까지 한꺼번에 알아냈다는 것만으로도 뉴턴의 천재성에 압도당할 것 같은데 나무에서 떨어지는 사과를 맞고 순간적으로 그런 생각을 떠올렸다니 정말 기죽이는 이야기가 아닐 수 없었다. 사과에 맞는 것은 그다지 많이 아플 것 같지도 않으니 뉴턴이 경험했던 그런 멋진 순간을 자신도 느껴볼 수만 있다면 떨어지는 사과 한 알이 아니라 한 박스라도 맞을 각오가 되어 있었다.

그 학생은 아인슈타인에 대한 이야기도 듣게 되었다. 아인슈타인은 너무 천재적이어서 평범한 학교 선생님들이 그의 재능을 알아보지 못하고 낙제점을 주었다고 한다. 기존의 시험으로 평가하기에는 너무 독창적이어서 대학시험에도 떨어졌지만 불굴의 의지로 다음해 재도전하여 합격했다고 한다. 하지만 대학 졸업 후 그의 재능을 알아주지 않는 다른 과학자들 때문에 교수로 취직도 못하고 기껏 특허청에서 근무하며 돈을 벌어야 했다는 것이다. 그런데도 낮에는 직장에서 재미없는 일을 하다가도 밤이면 열심히 논문을 써서 시간이 느려지고 길이가 줄어드는 신기한 이론을 제안하여 다른 학자들을 깜짝 놀라게 했다고 한다. 그야말로 평범한 사람들은 이해하기 어려운 고독한 천재의 전형이다.

뉴턴의 책은 처음에는 사람들이 읽어내기도 어려웠다고 한다. 자신보다 훨씬 지적 능력이 떨어지는 사람들 사이에서 외롭게 학문의 길에 정진하는 천재의 모습이 떠올랐다. 아인슈타인의 상대성이론에 따르면 시공간이 휘어 있다는데 그 학생은 이게 엿가락처럼 늘어져서 휜 것인지 아니면 구슬처럼 둥글게 휜 것인지는 잘 알 수 없었지만 어쨌든 매우 심오하고 어려운 느낌을 주었다. 게다가 그런 어려운 이론을 아인슈타인이 다른 사람 도움도 전혀 받지 않고 홀로 발견해냈다는 점이 잘 믿기지 않을 정도였다. 정말 아인슈타인이 천재이긴 천재였나 보다. 그가 상대성이론을 처음 제안했을 때 아무도 그의 이론을 이해하지 못했다고 하지 않는가? 뉴턴과 아인슈타인 이야기를 들으면 과학은 역시 그런 특별한 사람만이 해야 하는 것이라는 생각이 들었다. 결국 이 학생은 과학자의 꿈을 포기해버릴까 망설이고 있다.

이런 학생과는 달리 이 책을 쓴 사람들은 과학자의 꿈을 포기하지 않고 대학에서 과학을 공부했다. 그러나 그 학생과 마찬가지로 뉴턴과 아인슈타인 같은 천재적인 과학자들에 대한 이야기에 주눅이 든 것은 사실이다. 뉴턴이나 아인슈타인만큼 유명하진 않아도 과학을 공부하는 학생들의 기를 죽이는 과학천재들의 이야기는 많이 있다. 최근 우리나라에서 큰 인기를 끌고 있는 리처드 파인만이라는 물리학자의 전설적인 이야기가 그랬고, 20대 초반의 어린 나이에 상대성 이론과 함께 현대물리학의 근간을 이루는 양자역학을 정립한 하이젠베르크나 파울리의 천재성에 대한 일화들도 마찬가지이다. 이런 수많은 천재들의 이야기를 듣고 나면 과학은 왠지 천재가 아니면 하기 어려운 분야이고 진정으로 창조적인 작업은 오직 타고난 영재들만 할 수 있을 것 같은 생각이 든다.

과학을 공부하다가 지금은 과학이 갖는 더 넓은 함의를 탐구하는 과학학을 전공하면서 이 책의 지은이들은 과학의 천재들에 대한 이야기가 상당부분 왜곡되거나 신화의 베일에 가려져 있다는 사실을 알았고, 따라서 과학을 연구하는 과정에서 그런 이야기에 주눅들 필요가 없음을 깨닫게 되었다.

이는 뉴턴과 아인슈타인이 천재였다는 것을 부정하는 것도 아니고, 다른 한편 누구나 열심히 노력하면 뉴턴이나 아인슈타인처럼 천재가 될 수 있다고 주장하는 것도 아니다. 그보다는 천부적인 천재적인 능력이 과학적으로 창조적인 업적을 보장해주는 것은 아니며, 중요한 것은 기존 이론에 대한 비판적 이해와 여러 곳에 흩어져 있는 개별적 사실들 사이의 연관성을 찾아내는 능력, 엄청난 수준의 집중력과 끈기 같은 다양한 능력과 자질이 천재성만큼이나 요구된다는 것이다. 이 점은 진정으로 창조적인 작업을 수행했던 여러 과학자들에 대한 연구에서 분명하게 확인할 수 있다. 그러므로 과학적 창조성과 천재성 그리고 과학연구에 중요한 여러 능력과 자질 사이의 관계를 이해하려면 뛰어난 과학자들이 어떻게 과학연구를 해왔는지를, 즉 그들의 방법론과 문제에 대한 접근방식을 꼼꼼하게 살펴보는 것이 좋은 방법이라는 생각이다.

이 책은 2001년 홍성욱 교수의 발의로 서울대 과학사 및 과학철학 협동과정의 몇몇 사람이 과학적 창조성과 천재성에 대한 신화를 벗겨내고 그것을 올바르게 이해하기 위한 쎄미나를 시작하면서 구상되었다. 이 과정에서 창비의 지원을 받으며 일종의 연구 프로젝트를 시작했다. 우리는 우선 과학적 창조성에 대한 기존 문헌들이 대부분 천재들에 대한 심리학적 연구라는 사실을 알게 되었고, 이보다는 구체적으로 과학적 창조성을 발휘한 과학자를 선정하여 그들의 연구과정을 면밀히 검토해보는 것으로 의견을 모았다.

가장 먼저 떠오른 사람은 자연스럽게 뉴턴과 아인슈타인이었다. 이들을 선정한 것은 이 두 사람이 누가 보기에도 천재적인 과학자였고 과학발전 방향을 혁명적으로 바꿀 정도의 과학적 창조성을 탁월하게 발휘한 사람이었기 때문이었다. 그러나 이들의 천재성을 제대로 이해하기 위해서라도 주변의 신화적인 루머들을 걷어낼 필요가 있었다(1장). 우선 뉴턴과 아인슈타인의 전기적 사실 가운데서도 이들이 과학적 천재성을 조명할 수 있는 부분을 추려 적었다(2장, 5장). 또한 우리는 뉴턴과 아인슈타인은 여러 '종류'의 창조성을 발휘했다는 점에도 주목했다. 뉴턴이 광학연구에서 보인 창조성(3장)과 역학연구에서 보인 창조성(4장)에서 각각 뉴턴이 이론과 실험 모두에 능숙했음을, 그리고 이론적 혁신을 이룩하는 능력과 현상에서 남들이 보지 못하는 측면을 부각시킬 수 있는 능력 모두를 갖추었음을 잘 알 수 있다. 아인슈타인의 경우도 천재적인 영감이 번뜩였던 특수상대성이론의 연구과정(6장)과 여러번의 실패를 거쳐 결국에는 올바른 이론에 이르게 되는 일반상대성이론의 연구과정(7장)이 그의 창조성이 다른 방식으로 발휘되는 모습을 잘 보여준다. 끝으로 이렇게 다양한 방식으로 발휘되는 과학적 창조성의 본질을 천재성과의 관련 속에서 논의한 글로 마무리를 지었다(8장).

매달 한번 정도의 쎄미나에서 각자 쓴 글을 발표하고 의견을 교환하여 다시 쓰는 과정을 반복하면서 2002년에 초고가 완성되었다. 이후 창비의 편집진과 이야기를 나누면서 내부 토론을 거쳐 원고를 지속적으로 수정했다. 이 과정에서 큰 도움을 주신 창비의 인문사회 출판부 편집진에게 감사를 드린다.

이 책이 과학자가 되려는 사람들과 과학적 창조성이 어떤 것인지를 이해하려는 사람들 그리고 더 나아가서 과학연구가 이루어지는 과정이 정말 어떤 것인지를 알고 싶은 사람들에게 좋은 읽을거리가 되었으면 하는 것이 이 책을 쓴 모든 사람들의 바람이다.

2004년 1월

저자 일동

차례...

Einstein

제1장 뉴턴과 아인슈타인, 신화를 넘어 창조성으로

세상이 나를 어떻게 보는지 나는 잘 모르네.
하지만 나는 항상 나 자신을 바닷가에서 장난치는
소년이라고 생각했다네. 앞에는 아직 발견되지 않은
진리의 대양이 펼쳐져 있어서, 이제나저제나 더 매끈한 조약돌과
더 예쁜 조개껍데기를 찾으려고 애쓰는 소년 말일세.

뉴턴이 임종 직전 자신의 일생을 회고하며

몇년 전 한 설문조사에서 과학자들은 지난 1천년간 가장 위대한 과학자로 영국의 아이작 뉴턴(Isaac Newton)을 꼽았다. 그가 광학이나 역학 같은 물리학과, 미적분학 같은 수학에서 혁명적인 업적을 남겼기 때문이다. 그의 업적은 18~19세기에 고전물리학이라는 강력한 과학 패러다임의 근간이 되었을 뿐만 아니라, 자연과학의 영역을 넘어서 공학 · 경제학 · 사회학 · 철학 · 사회사상에까지 지대한 영향을 미쳤다. 뉴턴이 불후의 명저 『프린키피아』(1687)[1]를 출간한 다음해에 태어난 시인 알렉산더 포프[2]는 뉴턴에 대한 조사(弔辭)를

다음과 같은 시구로 대신했다.

> 자연과 자연의 법칙은 어둠에 숨겨져 있었네.
> 신이 말하길, "뉴턴이 있으라!"
> 그러자 모든 것이 광명이었으니.

역시 몇년 전 비슷한 시기에 국제적인 시사주간지 『타임』은 20세기의 가장 위대한 인물로 처칠, 간디를 제치고 물리학자 알베르트 아인슈타인(Albert Einstein)을 선정했다. '과학의 세기' 라고 할 수 있는 20세기를 만든 상징적인 인물이라는 것이 선정 이유였다. 아인슈타인의 상대성이론은 뉴턴이 출범시킨 고전물리학의 세계관을 부수고 물질 · 에너지 · 시공간에 대해 혁명적으로 새로운 인식을 제공했으며, 원자력이라는 과거에는 상상도 못하던 에너지를 이용할 수 있는 이론적 밑거름이 되었다. 영원할 것 같던 뉴턴의 세계관이 무너지는 것을 목격한 시인 존 콜링즈 스콰이어[3]는 포프의 시를 다음과 같이 장난스럽게 풍자했다.

> 그러나 "호!" 하고 소리치며
> 악마가 말하길, "아인슈타인이 있으라!"
> 그러자 모든 것이 원래 상태로 되돌아갔으니.

이 두 시구는 뉴턴과 아인슈타인을 재미있게 비교했다. 무엇보다도 신의 말에 따라 뉴턴의 물리학체계가 나왔고, 이를 질투한 악마가 아인슈타인에게 상대성이론을 만들도록 했다는 발상이 흥미롭다. 뉴턴과 아인슈타인의 물리학은 신과 악마의 작품이지 보통 인간의 업적이 아니라는 것을 암시하고 있기 때문이다. 실제로 우리는 뉴턴과 아인슈타인의 업적은 보통 과학자들이 엄두도 낼 수 없고 꿈도 꿀 수 없는 것이라고 생각한다. 그리고 이들을 수천년에 한명 날까말까 한 천재라고 보며, 인간 세상보다는 신의 세계에 속한 과학자로 간주한다.

뉴턴과 아인슈타인이 천재 중의 천재라는 것을 부정하는 사람은 아무도 없다. 뉴턴은 대학을 갓 졸업한 1666년에 스물넷의 나이로 근대미적분학 · 중력이론 · 천체역학 · 광학이론의 토대가 된 아이디어를 떠올렸고, 아인슈타인은 특허국 직원 생활을 하던 1905년 스물여섯살 때 브라운운동 · 광전효과 · 특수상대성이론에 대한 기념비적인 논문 세 편을 동시에 발표했다. 1666년과 1905년 모두 '기적의 해' 라고 불러도 손색이 없을 만큼 창조성이 폭발한 해인 것이다. 이어서 뉴턴은 1672년에 근대광학의 새 장을 연 논문을 발표하고 1687년에는 『프린키피아』를, 1704년에는 『광학』을 저술했다. 1905년에 특수상대성이론을 발표한 아인슈타인은 10년 뒤인 1915년에는 이를 확장한 일반상대성이론을 내놓았다.

그런데 이들은 정말 같은 시대 과학자들은 상상조차 하지 못하던 우주의 비밀을 밝혀낸 신의 전령들이었나? 혹시 이들의 천재성이 후대 사람들이나 언론에 의해서 과장된 측면은 없었을까?

1

신이 된 뉴턴과 아인슈타인

뉴턴은 『프린키피아』에서 거리의 제곱에 반비례하는 만유인력을 상정하고 자신의 세가지 운동법칙을 이용해서 이 힘이 행성을 타원운동하게 한다는 것을 수학적으로 증명했다. 지구나 화성과 같은 행성이 태양 주위를 타원운동한다는 것은 1609년에 천문학자 케플러[4]가 밝혀낸 것으로, 케플러의 3대 법칙 중 첫번째 법칙으로 알려졌다. 그렇지만 케플러 이후 수십년이 지나도록 과학자들은 왜 행성이 타원운동을 하는지 밝혀내지 못했고, 따라서 이 문제는 당대 과학자들에게 대표적인 미해결 난제로 남아 있었다. 이러한 상황에서 뉴턴은 『프린키피아』에서 케플러의 3대 법칙을 모두 수학적으로 유도하고 증명한 것이다.

『프린키피아』는 수학적 증명으로 가득한, 무척 어려운 책이었는데, 뉴턴이 "수학을 수박 겉핥기식으로 공부한 얼치기들에게 괴롭힘당하지 않으려고, 또 수학을 제대로 공부한 사람이 수학적 증명을 이해함으로써 자기 이론에 동의하도록 만들려고" 일부러 책을 난해하게 썼다는 말이 돌 정도였다. 뉴턴의 수학은 당시 자연철학자들이 알던 수학에 비해 훨씬 어려웠다. 뉴턴이 수학 교수로 재직한 케임브리지대학에서 그의 강의는 불과 몇몇 학생만이 수강했으며, 이들 중에도 뉴턴의 강의 내용을 완전히 이해한 학생은 거의 없었다. 나중에 뉴턴의 열렬한 추종자가 되었고 그의 뒤를 이어 케임브리지대학의 루카스 수학 석좌교수[5]가 된 휘스턴[6]도 학생일 때는 뉴턴의 강의를 전혀 이해하지 못했다고 회고했다. 뉴턴이 『프린키피아』를 펴낸 직후 대학 교정에서 뉴턴과 마주친 학생들은 "저기 세상 사람 누구도 이해하지 못하고 자신도 이해하지 못한 책을 쓴 저자가 지나간다"라고 쑥덕거렸으며, 케임브리지대학의 동료교수들도 "이 책을 조금이라도 이해하기 위해서는 적어도 7년은 공부해야 한다"라고 했을 정도였다. 뉴턴을 존경한 영국의 철학자 로크[7]는 『프린키피아』의 수학적 내용을 이해하지 못해서 호이겐스[8]에게 이 책의 증명이 다 맞는 것인지 물어보았고, 수학적 증명이 완벽하다는 답을 듣고서야 안도하면서 "극소수의 사람만이 그의 증명을 이해할 수 있을 정도의 수학을 알고 있다."라고 고백했다.

『프린키피아』의 난해함은 자연스럽게 뉴턴의 신격화로 이어졌다. 뉴턴의 사도들은 『프린키피아』를 '신성한 책'이라고 불렀고, 뉴턴을 '성인'(saint)이라고 부르는 것도 주저하지 않았다. 뉴턴에게 『프린키피아』를 저술할 결정적인 계기를 제공한 천문학자 에드먼드 핼리[9]는 뉴턴을 "인류 역사상 어떤 인간도 도달하지 못했을 정도로 신에게 가까이 접근한 사람"이라고 칭송했다. 휘스턴도 "뉴턴의 놀라운 철학은 신이 예언자들에게 세상의 복원이라고 이야기한 '행복한 시간'을 준비하는 서곡"이라고 뉴턴의 업적을 신의 예언과 비교했다. 뉴턴과 같은 시대를 산 프랑스의 수학자 로삐딸[10]은 뉴턴이 보통사람처럼 먹고 마시고 잠자는지를 뉴턴의 주변 사람들에게 물어볼 정도였으며, 뉴턴이 일반 사람들과도 잘 어울린다는 이야기를 들고 깜짝 놀라기도 했다. 노벨 물리학상을 수상한 20세기의 한 천체 물리학자는, 뉴턴이 『프린키피아』를 평생에 걸쳐서 저술했다고 해도 그를 천재라고 하겠는데 이를 18개월 동안 저술한 것을 보면 뉴턴은 분명 인간의 능력을 훨씬 뛰어넘는 천재 중의 천재임이 틀림없다고 말했다.

아인슈타인에게도 비슷한 평가가 적용되었다. 상대성이론의 난해함은 아인슈타인의 후계자들이 아니라 언론이 선전했다. 아인슈타인의 일반상대성이론이 실험적으로 검증된 직후인 1919년 11월 10일자 『뉴욕타임스』는, 아인슈타인의 이론을 이해한 사람이 전세계에 현자 12명뿐이라는 기사를 보도했다. 신문은 "보통사람들에게 아인슈타인의 이론을 자세하게 설명하려는 시도 자체가 의미가 없다"라는 물리학자 톰슨[11]의 논평과 "아인슈타인의 이론은 말로는 정확하게 표현될 수 없다"라는 또다른 천문학자의 논평을 함께 실었다. 11월 18일자에서는 아인슈타인의 이론을 이해하고 받아들이는 사람이 전세계에 12명밖에 되지 않는다는 이야기를 다시 한번 강조하면서, 상대성이론 앞에서 쩔쩔매는 수학자들에 대한 불신을 노골적으로 표현했다.

아인슈타인의 상대성이론은 점점 더 많은 사람들의 입에 오르내렸고, 그럴수록 더 신비스러운 것이 되었으며, 동시에 아인슈타인은 언론의 보도를 타고 빠르게 국제적인 스타로 부상했다. 1921년까지 상대성이론에 대한 책, 논문, 강연 소책자 등이 650권 가량 출판되었고(대부분 1919년 이후에 나온 것이다), 1920년대 중반에는 3천권으로 늘어났다. 아인슈타인이 일반인을 위해 저술한 『상대성이론: 특수 · 일반이론』도 영어로 번역되어 19개월 만에 7쇄를 찍는 인기를 누렸다. 그의 우체통은 매일 배달되는 편지로 넘쳤고, 아인슈타인은 편지에 일일이 답장하지 못하는 스트레스 때문에 "지옥에서 악마로 변신한 집배원이, 불 속에서 타들어가고 있는 나에게 계속 편지를 집어던지는 악몽에 시달렸을 정도"라고 토로했다.

1921년 예루살렘에 히브리대학을 설립하기 위한 모금의 일환으로 미국을 방문했을 때 아인슈타인은 이미 세계에서 가장 유명한 과학자가 되어 있었다. 『뉴욕타임스』는 미국에 도착한 아인슈타인을 사진과 함께 대문짝만하게 보도했는데, 여기서도 그의 이론이 난해하다는 내용은 빠지지 않았다.

> **아인슈타인 교수, 미국에 와서 상대성을 설명**
> '과학의 시인'이 시공간의 이론이라고 설명했지만 기자들은 잘 이해할 수 없었다.

2
정말 이해할 수 없을 정도로 어려웠나

수학과 물리학을 배우지 않은 사람들에게 뉴턴이나 아인슈타인의 책과 논문은 이집트 상형문자와 마찬가지로 해독이 불가능한 것이다. 그렇지만 뉴턴과 아인슈타인이 자신들의 이론을 세상에 내놓았을 때, 그것이 너무 어려워서 동료 과학자들조차 전혀 이해할 수 없었다고 말할 수 있을까? 다른 과학자들은 상상할 수도, 생각할 수도, 이해할 수도 없는 이론을 만든 사람이라는 생각은 곧 신격화로 이어지기 십상이며, 뉴턴과 아인슈타인을 신격화할수록 이들의 창조성을 이해하려는 노력은 의미가 없어진다.

물리학에서 뉴턴의 업적은 크게 빛과 색깔에 대한 광학과 중력이론과 천체물리학을 포함한 역학으로 나누어 생각할 수 있다. 광학과 역학에 대한 뉴턴의 이론이 혁명적일 만큼 독창적인 생각을 담고 있음은 누구도 부정할 수 없다. 그렇지만 이 이론이 즉각 수용되지 않은 이유는 이것이 이해 불가능할 정도로 어려워서라기보다는 기존의 과학 패러다임과 무척 달라서였다.

우선 뉴턴의 광학이론은 태양광선과 같은 백색광이 하나의 빛이 아니라 굴절률이 다른 광선들이 혼합되어 있는 것이며, 이 광선들이 각각 서로 다른 색깔을 내는 것이라고 주장했다. 반면에 뉴턴과 같은 시대에 활동한 과학자들은 변형된 빛이 우리 눈을 통해 신경계에 야기한 감각을 색깔이라고 보았다. 이들이 보기에 뉴턴의 이론은 빛 '속에' 색깔이 있다는 주장 같았고, 이는 이들이 강하게 비판하던 아리스토텔레스[12]의 이론과 비슷해 보였다. 뉴턴의 광학이론을 거부하고 비판한 과학자들은 뉴턴의 이론을 자신들이 땅 속에 파묻은 아리스토텔레스 이론의 유사품이라고 본 것이다.[13]

뉴턴의 중력이론도 비슷한 비판을 받았다. 호이겐스나 라이프니츠[14] 같은 과학자들이 『프린키피아』를 이해하기 힘들어한 것은 수학적 증명의 난해함 때문이 아니라 뉴턴 역학의 근본적인 철학을 수용할 수 없었기 때문이었다. 기계적 철학(Mechanical Philosophy)은 세상의 모든 자연현상을 물질과 운동으로만 설명했는데, 이에 의하면 힘(force)이라는 것은 물질운동이 일으키는 '효과'(effect)이지 물질운동의 '원인'(cause)이 아니었다. 그런데 뉴턴은 본질을 알 수 없는 만유인력이라는 힘을 도입해서 천체와 지상의 운동을 기술했다. 기계적 철학자들은 당시 마술사들이 주장한 힘(power)이나 아리스토텔레스주의자들의 '신비한 성질'(occult qualities) 같은 개념을 강하게 비판했는데, 이들에게 근원을 알 수 없는 뉴턴의 만유인력은 이러한 마술적 세계관과 별반 다르지 않은 것으로 보였다. 당시 과학자들의 비판을 인식한 뉴턴은 『프린키피아』를 다시 펴내면서 「일반 주해」[15]를 덧붙여 자신의 방법론과 철학을 자세히 서술했고, 중력의 본질에 대해서는 "나는 가설을 세우지 않는다"라는 말로 비판을 회피했다.

아인슈타인의 상대성이론을 이해한 사람이 전세계를 통틀어 12명밖에 되지 않았다는 이야기도 사실과 동떨어진 것이다. 아인슈타인이 1905년에 내놓은 특수상대성이론은, 시공간과 물질의 운동에 대한 그 혁명적인 함의를 고려할 때 당시 물리학자들 사이에서 꽤 빠른 속도로 수용되었다. 플랑크,[16] 로렌츠,[17] 뿌앵까레,[18] 민꼬프스끼[19] 같은 과학자들은 아인슈타인의 특수상대성이론 그 자체를 이해하는 데 아무런 문제도 없었다. 물론 이들을 포함한 상당수의 과학자들은 아인슈타인의 특수상대성이론이 빛이라는 파동을 매개하는 매질 에테르(ether)[20]의 존재를 부정했기 때문에 이를 수용하지 않았다. 대체 매질이 없는 파동이 어떻게 존재할 수 있다는 말인가! 이 문제에 대해서 아인슈타인은 빛이 입자의 성질을 갖는다고 주장했지만, 이 주장은 사실 특수상대성이론보다도 더 큰 논란을 불러일으켰고 수용되는 데에도 더 오랜 시간이 걸렸다.

일반상대성이론이 무척 까다롭고 어려운 것이었음은 부정할 수 없다. 특수상대성이론을 발표한 뒤 일반상대성이론에 대한 '행복한 생각' 이 아인슈타인의 머리를 스친 것이 1907년이었는데 이를 완성한 것이 1915년이니 아인슈타인 같은 세기의 천재도 8년이나 이를 고민했다는 것을 알 수 있다. 아인슈타인은 괴팅겐대학에서 일반상대성이론에 대한 생각을 발표했는데, 이를 듣던 교수 중 한명이 "이건 정말 말도 안돼!"라고 외치며 강의실을 나갔다는 일화는 유명하다. 일반상대성이론을 완성하기 위해 아인슈타인은 텐서(tensor)[21]와 같은 수학에 깊이 의존했는데, 당시 많은 물리학자들에게 텐서는 낯선 수학이었다. 아인슈타인 자신도 처음에는 텐서나 비(非)유클리드기하학[22] 같은 수학에 익숙하지 않아서 수학자 친구인 그로스만[23]과 공동연구를 통해 자신의 생각을 발전시켰다.

그렇다고 해서 일반상대성이론을 이해한 사람이 전세계를 통틀어 거의 없었다는 말은 과장이다. 특수상대성이론을 중력을 포함하는 일반상대성이론으로 확장하는 문제는 당시 몇몇 물리학자들이 깊이 연구하던 것이었다. 비유클리드기하학을 공부하던 수학자들에게도 일반상대성이론은 이해 불가능한 것이 아니었다. 1915년경에 상대성이론을 일반화하는 문제에 관심을 가지고 연구하던 수학자나 이론물리학자들은, 비록 많지는 않았지만, 즉각 아인슈타인의 일반상대성이론의 의미를 이해할 수 있었다. 아인슈타인과 프린스턴의 고등연구소에 함께 있었던 오펜하이머[24]는 영국 방송국 BBC와 한 인터뷰에서 상대성이론의 난해함이 언론을 통해서 과장되었음을 통렬하게 비판했다.

> 아인슈타인 신화 중 안타까운 부분은 그가 한 일이 너무 새롭고, 너무 심오하고, 너무 이해하기 힘들어서 우리의 문화적 유산의 일부가 될 수 없다고 생각한다는 것이다. (…) 이 사람은 너무나 대단하고, 그의 작업은 너무도 어렵고 색다른 것이어서 우리는 결코 이해할 수 없을 것이라고들 생각한다. 이는 우리 문화의 건강성에 매우 불행한 영향을 미친다. 그러나 아인슈타인 자신이 초래한 결과는 결코 아니다. 언론의 기자들과 아무것도 하지 않으려 하는 게으른 속류 과학자들이 초래한 결과이다. 실제로 아인슈타인의 업적은 널리 이해되고 응용되었다. 단지 쎄잔느의 그림을 싫어하고 베토벤의 사중주를 싫어하는 사람들이 항상 있듯이, 아인슈타인의 업적을 싫어한 사람들이 있었을 뿐이다.

3

고독한 천재의 신화

'세상의 몰이해 속에 고독하게 연구한 천재'라는 뉴턴과 아인슈타인의 이미지는 이들의 업적이 당시의 과학자들이 이해할 수 없을 정도로 난해하고 심원한 것이었다는 생각과 맞붙어 있다. 이들의 업적이 이해받을 수 없는 것이었기에 이들은 홀로 우주의 비밀을 탐구할 수밖에 없었으며, 이는 다시 위대한 천재는 항상 고독하고, 주변의 도움을 받기는커녕 멸시와 냉대만 받는다는 생각으로 이어진다. 이러한 통념은 아주 조금은 진실이기도 하다. 뉴턴은 1672년 광학에 관한 혁신적인 생각이 담긴 논문을 내기 전까지 과학자사회에 거의 알려지지 않았고, 『프린키피아』를 내던 1687년까지도 마찬가지였다. 1905년 이전의 아인슈타인 역시 대학에 조교자리도 얻지 못하고 스위스 베른의 특허국에서 특허를 심사하던 공무원이었을 뿐이다.

그렇지만 고독한 천재라는 이미지는 이들 업적의 난해함과 마찬가지로 과장된 것이다. 뉴턴과 아인슈타인은 다른 과학자들이 간과한 현상에서 근원적인 모순을 발견했고, 이 모순을 없앨 수 있는 새로운 이론을 만들어내기 위해 오랫동안 노력했다. 그렇지만 이들이 세상과 고립된 채 홀로 연구한 것은 결코 아니다. 뉴턴과 아인슈타인은 문제를 해결하기 위해서 유무형의 네트워크를 만들었고 이를 효과적으로 활용한 사람들이었다.

우선 이들은 독자적인 공부를 통해서 선배 과학자들의 업적을 습득했다. 뉴턴은 대학생 시절 학교에서 강조하던 아리스토텔레스 자연철학에는 관심이 없었지만 갈릴레오,[25] 데까르뜨,[26] 케플러, 보일,[27] 가쌍디, 홉스, 유클리드를 읽고 기하학, 근대역학, 코페르니쿠스 천문학, 기계적 철학, 광학에 대해 광범위하고 깊이있는 지식을 습득했다. 아인슈타인도 독학으로 패러데이, 맥스웰,[28] 볼츠만,[29] 로렌츠, 헤르츠[30]의 논문과 책을 읽고 연구했으며, 이를 통해서 19세기 전자기이론을 습득했다.

특히 이들은 단순히 지식을 흡수한 것을 넘어 독서 과정에서 모순과 차이에 주목했다. 대학생 뉴턴은 데까르뜨의 기계적 철학에 심취하면서도 빛에 대한 생각을 비판하고 조수(潮水)의 운동에 대한 설명에 납득하기 힘든 부분이 있음에 주목했다. 아인슈타인은 고등학교 시절부터 빛에 대한 고전적 이론이 자신의 가상실험에서 모순을 일으킨다는 점을 고민했으며, 나중에는 맥스웰의 전자기이론이 운동의 상대성과 모순을 일으킨다는 사실에 주목했다. 아인슈타인이 발견한 모순은 당시 전자기학의 교과서에도 언급되었을 만큼 잘 알려진 현상이지만, 당대 물리학자 중 어느 누구도 이를 심각한 모순이라고 생각하지 않았다.

또한 이들은 주변의 지적 · 인적 네트워크를 충분히 활용함으로써 자신들이 궁금해하던 난제를 해결해나갔다. 뉴턴은 당시 화가들이 저술한 색채에 대한 책에서 아리스토텔레스와 데까르뜨의 색깔이론에 결정적인 문제점이 있음을 발견했다. 아리스토텔레스와 데까르뜨는 빛(흰색)과 어둠(검은색) 사이에 빨강, 노랑 같은 여러 색깔이 있다고 보았는데, 뉴턴은 당시 화가들의 책에서 흰색과 검은색을 섞어서 색을 만들 수 있다는 것은 난센스에 불과하다는 것을 알게 되었다. 뉴턴은 당시 수학자들의 저술에서 중요한 수학적 테크닉을 배웠고, 1679~80년에는 후크[31]와의 서신 교환을 통해서 거리의 역제곱에 비례하는 힘의 존재와($f \propto 1/r^2$), 이 힘이 행성의 타원운동과 관련이 있을 가능성은 물론, 행성의 타원운동을 직선운동과 원심방향의 운동으로 분해할 수 있음을 인식했다. 이러한 인식은 이후 뉴턴의 광학과 역학의 핵심이 되었다.

아인슈타인은 푀플[32]이라는, 당시 잘 알려지지 않은 공학자가 저술한 전자기학 교과서를 공부하다가 맥스웰 전자기학의 근원적인 문제점을 발견했다. 그는 자신이 발견한 문제점들을 그가 조직한 쎄미나 모임 '올림피아 아카데미'에서 베쏘[33] 같은 친구들과 함께 진지하게 토론했다. 올림피아 아카데미에는 대학교수는커녕 박사학위를 받은 사람조차 없었지만, 이들은 모두 당시 물리학을 혁신하겠다는 꿈을 안고 시간 가는 줄 모르고 토론에 몰입했다. 아인슈타인은 일반상대성이론을 만들 때에도 친구 그로스만에게서 결정적으로 도움을 받았으며, 마지막 순간에는 베를린의 위대한 수학자 힐버트의 도움이 유효했다.

창조적인 과학자들의 공통점은 전통을 충분히 이해하면서도 이에 안주하지 않고 그것을 뛰어넘는 새로운 이론이나 방법론을 제공했다는 점이다. 뉴턴과 아인슈타인은 둘 다 이러한 조건을 갖춘 과학

창조적 천재와 보통사람의 차이

뉴턴이나 아인슈타인처럼 최고로 창조적인 과학자와 그렇지 않은 사람의 차이는 무엇인가? 바둑을 예로 들어보자. 바둑을 조금 둘 줄 아는 아마추어도 이창호 국수만큼 바둑의 규칙을 알고 있다. 그리고 이창호라고 해서 한번에 두 수를 놓을 수 있는 것은 아니다. 그렇지만 이 두 사람 사이에는 엄청난 차이가 존재한다. 이창호 같은 고수는 보통사람보다 바둑과 관련된 사고가 훨씬 더 빠르고, 집중력과 기억력이 뛰어나고, 가능한 판을 내다보는 가짓수가 많다. 수년 혹은 수십년간의 훈련과 실전을 통해 이러한 능력을 최고로 발전시켰다. 결국은 이러한 양적인 차이가 계속 쌓여서 질적인 차이를 낳은 것이다.

즉 뉴턴과 아인슈타인 같은 사람들은 보통사람들과 능력의 양적인 차이가 너무 커서 마치 질적으로 다른 사람인 것처럼 느껴질 수 있다. 그러나 고수가 신의 계시를 받아서 수를 두는 것이 아니듯, 창조적인 과학자들의 창조성도 재능 · 숙련 · 노력 · 훈련 · 집착 · 환경의 요소가 결합해서 만들어지는 것이지 보통사람들이 이해할 수 없는 영감의 산물이 아니다.

그러나 이 이야기를 두고 보통사람도 노력하면 천재가 될 수 있다는 식으로 확대해서 해석하면 곤란하다. 보통사람에게 숨어 있는 창조성의 최대치를 계발해도 뉴턴이나 아인슈타인이 보여준 창조성에는 한참 못 미칠 수 있다. 하지만 창조적인 업적을 낸 사람들이 가진 창조성의 근원을 분석하고 이를 따라서 열심히 노력하면 그렇지 않았을 때보다 더 창조적일 수 있음은 분명하다.

자들이다. 그들은 기존의 과학에 대해서 무관심하지도 않았고, 한없이 압도당하지도 않았다. 그들은 기존의 물리학체계를 섭렵했으며, 같은 공부를 해도 남들이 간과하는 문제에 주목했다. 그들은 주변의 경쟁자나 친구들의 네트워크를 잘 활용해서 자신의 견해를 발전시키는 동인으로 삼았다. 이러한 분석은 뉴턴과 아인슈타인의 창조성이나 천재성을 깎아내리는 것이 아니다. 뉴턴과 아인슈타인을 천재 중의 천재라고 불러도 결코 틀리지 않지만, 그렇다고 그들을 신격화할 이유도 없는 것이다.

4

누가, 왜 뉴턴을 신격화했는가

뉴턴과 아인슈타인의 신격화는 이들의 업적이 매우 수학적 · 추상적이고 따라서 무척 난해했다는 이유도 있지만, 그밖에 다른 이유들도 있었다. 뉴턴의 경우는 그의 후계자들이 그를 과학적 천재의 새로운 모델로 만들고자 노력했으며, 아인슈타인의 경우는 신문 · 잡지 · 방송의 영향이 절대적이었다.

『프린키피아』는 과학자들에게도 무척 어려운 책이었지만, 뉴턴 과학의 철학적 의미는 일반 지식인들과 대중에게도 널리 퍼질 수 있었다. 여기에는 뉴턴 추종자들의 역할이 결정적이었다. 무엇보다 뉴턴의 우주론은 중도적인 영국 국교회의 성직자들에게 수용되어, 한 개인의 물리학을 넘어 영국을 대표하는 세계관으로 발전했다. 뉴턴

은 텅 빈 우주를 채우는 중력의 존재가 바로 신이 존재하며 신이 자연에 개입한다는 사실을 증명하는 것이라고 생각했는데, 당시 영국 국교회 내의 중도파 성직자들은 뉴턴이 자연현상에서 신의 섭리를 읽었듯 국가와 사회의 작동에서도 신의 섭리를 발견하는 것이 교회의 책임이라고 강조했다. 이러한 해석은 뉴턴의 추종자이자 성직자이던 벤틀리[34]가 1692년 '보일 강연'에서 제시했고, 역시 뉴턴의 추

종자이던 클라크[35]는 독일 철학자 라이프니츠와의 논쟁을 통해서 뉴턴의 우주관이 라이프니츠의 우주관보다 더 독실한 종교적 의미를 지니고 있음을 설파했다.

뉴턴 자연철학의 종교적 의미와 함께 뉴턴 과학을 대중화하려는 노력도 줄을 이었다. 휘스턴은 『지구에 대한 새 이론』(1696), 『더 쉽게 설명한 아이작 뉴턴 경의 수리철학』(1716)을 출판했고, 네덜란드 출신의 뉴턴주의자 그라베잔데[36]는 『뉴턴주의철학』(1723)을, 데자귈리에르[37]는 『정부의 가장 좋은 모델로서 뉴턴의 세계체제』(1728)와 『실험철학 강요』(1733~34)를, 프랑스 계몽철학자 볼떼르[38]는 『뉴턴 철학의 원리』(1738)를, 영국의 뉴턴주의자 퍼거슨[39]은 『아이작 뉴턴 경의 원리에 기초하고 수학을 이해하지 못하는 사람들을 위해 쉽게 설명한 천문학』(1756)을, 텔레스코프[40]라는 가명의 작가는 『젊은 신사숙녀를 위한 뉴턴 철학체계』(1761)를 출판했다.

이러한 대중적인 책들은 수학에 대한 지식이 깊지 않아도 읽을 수 있도록 씌어졌으며, 결과적으로 뉴턴의 『프린키피아』보다 훨씬 더 많이 읽혔다. 라틴어로 씌어졌고 보통사람들이 이해할 수 있는 수준의 수학이 아니었던 『프린키피아』의 초판은 불과 3, 4백부가 팔렸을 뿐이다. 반면에 영어로 씌어지고 수학의 사용을 자제한 휘스턴의 대중서는 4천부가 넘게 팔렸다. 뉴턴은 이러한 대중서를 통해 과학혁명을 상징하는 과학자로, 영국의 국민적 영웅으로 자리잡았다.

뉴턴은 영국의 국민적 영웅이 되면서 자연스럽게 17세기 과학혁명을 대표하는 최고의 '과학적 천재' 라는 지위를 획득하게 되었다.

흥미로운 사실은 뉴턴이 가진 천재성의 근원이 무엇이었는지에 대해서 18세기 동안에 견해가 급변했다는 것이다. 뉴턴은 자신의 연구 스타일을 진리가 스스로 드러날 때까지 한발짝씩 끈기있게 탐구를 계속하는 것이라고 이야기한 적이 있다. 뉴턴이 데까르뜨보다 훨씬 더 위대하다고 강조한 영국의 뉴턴주의자들은 그 이유를 데까르뜨가 사변적이고 추측에 기반한 반면 뉴턴은 근면과 꾸준한 사고를 통해 진실에 서서히 접근해갔다는 데서 찾았다. 뉴턴이 사망한 직후에 사람들은 뉴턴이 놀랄 만큼 근면하고 끊임없이 노력한 천재였다고 생각했다. 이러한 연구 스타일은 뉴턴의 선배이자 영국 왕립학회[41] 설립에 결정적인 영향을 준 베이컨[42]의 귀납적 연구방법론과도 잘 맞아떨어졌다.

그렇지만 뉴턴을 부지런한 천재라고 보는 생각은 18세기에 등장한 예술적 천재에 대한 통념과 잘 맞아떨어지지 않았다. 18세기 계몽사조 기간에 시 · 소설 · 희곡 · 미술 같은 예술 영역에서는 '천재는 자신도 모르는 사이에 영감과 상상력을 발휘해서 독창적인 아이디어를 만들어내는 사람'으로 인식되었기 때문이다. 독창성은 천재의 뿌리에서 자발적으로 솟아나는 것이지 노력으로 만들어지는 것이 아니라고 생각했다. 시인들은 노력만으로 심금을 울리는 시를 지을 수 있다는 생각에 콧방귀를 뀌었다.

그렇다면 뉴턴의 근면성과 노력은 어떻게 이해해야 할 것인가? 뉴턴은 진정한 천재가 아니었기 때문에 그렇게 평생 열심히 노력한 것일까? 예술의 영역에서 천재를 보는 관점이 바뀌면서 뉴턴의 후

뉴턴과 정신병

뉴턴은 1692~94년의 짧은 기간에 정신이상의 증후를 보였다. 그 원인에 대해서는 여러가지 설이 존재한다. 뉴턴이 죽은 뒤 혹자는 뉴턴의 애견 다이아몬드가 촛대를 넘어뜨려 그의 원고가 전부 타버렸을 때 받은 충격 때문에 뉴턴이 정신이상이 되었다고 했지만, 이 일화는 역사적 근거가 희박하다. 뉴턴의 정신질환은 한 힘없는 인간이 우주의 비밀을 깨달았기 때문에 신이 보복한 것이라고 하면서 종교적인 의미를 부여한 사람도 있었다. 지금까지 정신병리학자들은 뉴턴이 조울증을 앓았다고 생각했지만, 최근 남아 있는 뉴턴의 머리카락에 대한 화학적 분석은 뉴턴이 연금술 실험을 하다 수은중독에 걸렸을 가능성이 높음을 암시하고 있다. 실제로 뉴턴의 정신질환이 수은에 중독되었을 때 나타나는 증상과 흡사하다는 지적도 있다.

계자들은 이제 뉴턴의 근면성과 노력보다는 상상력, 사물의 본질을 꿰뚫는 직관, 베이컨식의 귀납과는 정반대되는 추측을 강조하기 시작했다.

지속적인 노력과 진리에 대한 점진적인 접근 대신 직관과 상상력이 뉴턴의 천재성으로 강조되면서 두가지 변화가 생겼다. 첫째, 뉴턴의 성격 중 정상에서 조금 벗어난 부분이 강조되었다. 사람들은 뉴턴이 건강에 좋은 음식을 먹고 마시는 데 무척 까다롭게 굴었고,

무엇에 몰두할 때는 가끔 정신을 다른 데 둔 사람처럼 행동했으며, 그럴 때는 밥 먹는 것을 잊어버려서 대신 고양이가 뉴턴의 밥을 먹고 비만이 되었다는 등 뉴턴의 괴팍스러움을 과장해서 부각했다. 특히 프랑스 물리학자 비오[43]는 "뉴턴이 제정신이 아니다"라는 구절을 담은 호이겐스의 편지를 증거로 제시하면서 뉴턴이 간혹 정신질환을 앓는 것으로 보일 정도로 비정상적인 행동을 했다는 사실을 강조했다. 한때는 일생이 "노력 · 인내 · 자선 · 자비 · 관용 · 선과 같은 미덕의 연속"으로 점철되었다고 묘사되던 '성인' 뉴턴은 이렇게 해서 '괴팍한 천재'라는 이미지로 거듭났다.

지속적인 노력 대신 영감과 상상력이 강조되면서 나타난 두번째 변화는 '사과 일화'가 새롭게 부각되었다는 것이다. 뉴턴의 사과 일화는 우리에게도 잘 알려져 있다. 1665년 흑사병이 돌아 대학이 휴교했을 때 뉴턴은 울즈소프(Woolsthorpe)라는 작은 마을에 있는 고향집에 내려와 있었는데, 그때 정원의 사과나무에서 사과가 떨어지는 것을 보고 지구와 사과 사이에 만유인력이 존재함을 순간적으로 깨달았다고 한다. 영국 수상을 지낸 디즈레일리가 유포한 설에 따르면 그렇다.

이러한 사과 이야기가 후대에 전해진 경로는 둘이다. 그중 하나는 뉴턴이 사망하던 무렵 뉴턴의 조카 캐서린에게서 이 이야기를 전해 들은 볼떼르가 이를 자신의 저술에 몇번에 걸쳐 간략하게 기술한 것이다. 또다른 출처는 뉴턴이 왕립학회 회장일 때 부회장을 역임한 포크스가 사과 일화를 그린이라는 사람에게 전했고, 그린이 『철학의 원리』(1727)라는 자신의 책에 이를 기록한 것이다. 콘듀이트[44]와 스터클리[45]는 미출판 노트에 사과 일화를 기록하고 있다. 특히 스터클리는 뉴턴이 죽기 한해 전인 1726년에 이 이야기를 뉴턴에게서 직접 들었다고 하면서 당시 상황과 뉴턴의 설명을 꽤 상세하게 적고 있다.

흥미로운 사실은 뉴턴이 사망하던 해에 볼떼르와 그린을 통해서 세상에 알려진 이 이야기가 약 1백년 동안 아무런 주목도 받지 못했다는 것이다. 뉴턴이 사망한 지 1백여년이 지난 1831년, 프랑스 물리학자 비오는 뉴턴이 미친 뒤에는 과학자로서 아무런 업적도 남기지 못했다고 주장했다. 그러면서 『프린키피아』에 드러난 뉴턴의 천재성은 사과가 떨어지는 것을 목격한 것에 불과하다며 뉴턴의 업적을 깎아내렸다. 이에 뉴턴을 신처럼 받들던 영국의 물리학자들은 엄청난 분노를 느끼고 뉴턴이 사과의 낙하를 보고 만유인력의 개념을 만들었다는 비오의 주장을 반박했다. 당시 영국의 물리학자 브루스터,[46] 수학자 드모르간,[47] 그리고 케플러의 전기를 쓴 베튠은 모두 이 사과 일화를 일축했다. 브루스터는 뉴턴의 가까운 사람 중에서 사과 일화를 언급한 사람이 없었다는 이유를, 베튠은 사과가 떨어지는 것을 보고 할 수 있는 추측은 누구나 할 수 있는 종류의 추측에 불과하다는 이유를 들었다. 드모르간은 뉴턴이 13년간의 끊임없는 노력으로 『프린키피아』라는 업적을 이루었다고 강조했다. 이들에게는 뉴턴이 사과가 떨어지는 것을 보고 만유인력을 창안했다는 생각은 한마디로 어불성설이었다.

뉴턴의 사과 일화는 사실일까?

비슷한 시기에 출판되었거나 기록된 4개의 다른 문헌이 동일한 이야기를 담고 있는 것으로 봐서, 우리는 사과 일화가 1726년 무렵, 즉 뉴턴이 죽기 1년 전쯤 뉴턴 자신의 입에서 나왔다고 볼 수 있다. 그렇다고 해서 이 이야기가 실화라는 것은 아니다. 평생 단 한번도 언급하지 않다가 죽기 직전 주변 사람들에게 한 이야기가 얼마나 믿을 만한 것인지도 문제고, 당시 뉴턴의 기억력에 많은 결함이 있었음도 사실이다.

그렇지만 무엇보다도 1665년에서 1666년 사이에 사과와 지구 사이에 끌어당기는 힘을 생각했다는 뉴턴의 회고는 다른 역사적 증거와 잘 맞지 않는다. 대학생일 때 뉴턴의 세계관은 세상에 물질과 운동만이 존재한다는 데까르뜨의 기계적 철학에 머물러 있었고, 기계적 철학에서는 물체 사이에 끄는 힘을 상정하는 것 자체가 어불성설이기 때문이다. 그리고 『프린키피아』와 이에 수록된 뉴턴 역학체계가 엄청난 영향력을 가지고 새로운 과학혁명을 이룬 것은 만유인력이라는 개념 하나 때문이 아니라, 자연의 운동법칙에 입각해서 케플러의 법칙 같은 행성의 운동과 사과의 낙하운동 같은 지상의 운동을 통합하고 이를 엄밀한 수학을 사용해서 증명했기 때문이다.

이 증명은 뉴턴이 오랫동안 노력에 노력을 기울여서 이루어낸 것이지 사과가 떨어지는 것을 보고 생각할 수 있었던 것은 아님이 분명하다.

그렇지만 비오에 의해서 다시 부활한 뉴턴의 사과 일화에는 다른 매력적인 요소도 있었다. 무엇보다 이것은 천재성이란 번득이는 영감의 산물이라는 당시의 생각과 잘 맞아떨어졌다. 시인 셸리[48]는 "천재 시인의 좋은 시구는 노력해서 나오는 것이 아니다"라고 주장했는데, 만일 과학의 천재성도 그와 같다면 학창시절 사과나무에서 사과가 떨어지는 것을 보고 만유인력을 생각해낸 뉴턴의 영감이야말로 천재성의 범주에 적합한 것이었다. 이러한 과정을 거치면서 뉴턴의 사과는 대중을 위한 과학서적과 과학자들 사이에 서서히 수용되었다. 영국의 과학자들은 뉴턴의 집에 있던 사과나무가 죽어버렸다는 사실에 비통해했고, 그 사과나무를 잘라서 만든 의자를 기념품으로 보관하기 시작했다.

이 모든 과정의 결과로 우리는 지금 뉴턴에 대해 매우 상반된 이미지를 가지고 있다. 뉴턴은 학창시절에 떨어지는 사과를 보고 우주의 비밀을 꿰뚫은 천재이지만 무척 괴팍했고, 극소수의 천재만이 이해할 수 있는 책을 썼고, 신의 세계에 가장 가까이 간 인물이라는 매우 복합적인 이미지이다. 그러나 여기에는 평생을 고민한 광학에 대한 연구와 『프린키피아』를 쓰기 위해서 쏟은 노력가 뉴턴의 이미지가 빠져 있다. 신처럼 추앙된 뉴턴에게서 우리는 그의 진정한 창조성을 볼 수 없는 것이다.

5

세계적인 스타가 된 아인슈타인

아인슈타인은 프라하대학의 교수가 되면서 스위스 특허국 직원 생활을 청산했다. 그후 모교인 스위스연방공과대학[49]의 교수로 부임했고, 곧 이어 베를린에 있는 빌헬름 카이저 연구소의 이론물리학 교수가 되었다. 1915년 말엽에는 몇년 동안 고민하던 일반상대성이론을 완성했다. 그는 학자로서 탄탄대로를 달리고 있었으며, 그의 이론도 점점 더 많은 물리학자들 사이에서 받아들여졌다.

그렇지만 일반상대성이론을 완성한 뒤에도 그는 결코 대중적으로 유명한 사람이 아니었다. 물리학자들도 혼란을 느끼는 그의 이론이 대중들을 끌어당길 만한 요소는 거의 없었다. 그러나 이러한 상황은 말 그대로 하루아침에 바뀌었다. 1919년 11월 7일 이후, 마흔살의 아인슈타인은 베를린의 한 중견 이론물리학자에서 세계적인 스타가 되었다. 도대체 1919년 11월에 무슨 일이 일어났는가?

아인슈타인의 일반상대성이론에 의하면 빛은 태양과 같은 무거운 물체 옆을 지날 때 휘게 되는데, 그 예측값은 뉴턴이 중력이론에서 예측한 것보다 2배 정도 되었다. 1917년 영국의 황실 천문학자 다이슨은 이 차이에 주목했다. 1919년 5월 29일에 예정된 개기일식 때 태양 주변을 지나서 지구로 떨어지는 별빛을 찍으면 빛이 휘는 정도를 실험으로 측정할 수 있기 때문이었다. 이를 측정하기 위해 다이슨은 두 팀의 관측대를 파견했다. 그리니치 천문대팀은 브라질 해안에서 80km 정도 떨어진 쏘브럴(Sobral)로, 에딩턴[50]이 이끄는 팀은 서아프리카 해안에서 조금 떨어진 프린씨페(Principe)섬으로 떠났다. 이 두 곳에서는 완벽한 개기일식이 관측될 수 있었다.

하지만 그리니치 천문대팀은 데이터로 쓸 만큼 정확한 사진을 찍는 데 실패했다. 프린씨페섬으로 떠난 에딩턴은 수개월에 걸친 준비작업을 거쳐서 5월 29일 일식 사진을 찍는 데 성공했다. 영국으로 돌아온 그는 사진에 나타난 빛의 굴절각을 계산했고, 이를 11월 6일에 영국 왕립학회와 왕립천문학회의 합동회의에서 발표했다. 에딩턴의 실험은 상상을 초월할 정도로 어려운 것이었고 실험결과도 뉴턴과 아인슈타인 예측치의 중간에서 아인슈타인 쪽으로 조금 기울어진 정도였지만, 에딩턴은 이 결과가 아인슈타인의 이론을 지지한다고 강력하게 주장했다. 당시 회의에서 천문학자들과 물리학자들은 에딩턴의 주장과 다른 반론을 제기하지 못하고 뉴턴 역학의 예측치와 아인슈타인의 예측치 중 후자가 실험결과에 더 부합한다는 점에 동의했다.

다음날인 11월 7일 『타임스』는 이 회의를 소개하면서 아래와 같이 선정적인 제목을 붙였다.

과학의 혁명

새로운 우주이론 등장

뉴턴주의 무너지다

이 기사는 에딩턴을 비롯한 영국 천문학자들의 측정이 '유명한 물리학자 아인슈타인'의 예측을 증명했다고 소개하면서, 당시 영국 최고의 물리학자 톰슨의 말을 인용해 이 증명이 "인간의 생각이 낳은 가장 중요한 결과 중 하나임에 분명하다"라는 논평을 보도했다. 같은 날 신문에는 「우주의 짜임새」라는 제목의 사설도 실렸는데, 여기서는 수천년 과학의 역사를 서술하며 이 회의가 얼마나 혁명적인 의미를 지니고 있는지 강조했다.

> 유클리드에서 케플러까지, 케플러에서 뉴턴까지, 우리는 우주의 근본적인 법칙이 고정되어 있다고 믿었다. (…) 그러나 가장 위대한 전문가들은 이제 오래된 확실성을 파기하고 우주에 대한 새로운 철학—지금까지 물리학의 근본사상으로 받아들여지던 모든 것을 단번에 쓸어버리는 철학—이 필요할 만한 작업이 이미 충분히 진행되었다는 것을 은밀하게 믿고 있다.

『타임스』의 보도는 계속되었다. 11월 8일자 기사는 「아인슈타인 대 뉴턴」을 제목으로 뽑고 당시 영국 물리학자들의 견해를 인용하며 새롭게 떠오른 아인슈타인의 이론에 대한 학계의 분위기를 전했고, 베일에 가려진 아인슈타인이라는 인물을 소개했다.

당시 유명한 물리학자인 라모어[51]는 7일 하루 동안 "이제 뉴턴이 완전히 쓰러졌는가"라는 질문을 숱하게 받았고, 또다른 영국의 물리학자 로지[52]는 성급한 일반화는 위험하다며 아직 뉴턴 물리학을 지지하고 있음을 내비쳤다. 이와 더불어 아인슈타인이 처음으로 대중 앞에 간략히 소개되었다. 『타임스』는 40세인 그를 45세라고 소개하는 실수를 범했고, 독일인이 아니라 스위스계 유태인이라고 소개했다. 우리는 그 이유를 어렵지 않게 짐작할 수 있는데, 아인슈타인이 독일인이라면 제1차 세계대전을 치른 적국의 물리학자가 영국의 자랑인 뉴턴을 무너뜨렸음을 인정하는 셈이 되기 때문이다.

이 기사가 나간 후 수많은 물리학자 · 수학자 · 지식인들이 '아인슈타인 대 뉴턴'에 관한 자신의 견해를 『타임스』에 보내왔고, 상대성이론에 대한 논란이 계속되자 11월 28일자에 상대성이론에 대한 아인슈타인의 기고문을 번역해서 실었다. 아인슈타인은 언론이 "상대성이론을 독자들의 취향에 적용함으로써 자신이 독일에서는 독일 과학자로, 영국에서는 스위스계 유태인으로 불리고 있다. 아마 날 싫어하게 되면 그 반대로 부를 것"이라는 농담으로 글머리를 열었다. 이어서 특수상대성이론을 설명하고, 일반상대성이론의 기초가 된 관성력과 중력의 일치를 설명한 뒤, 무거운 물체 주변에서 공간이 휘어 있음을 언급하면서 "일반상대성이론에서는 시공간의 원리나 운동학(kinematics)이 물리학의 절대적 기초가 될 수 없다"라고 못박았다.

미국의 반응은 영국보다 더 열광적이었다. 영국의 언론이 아인슈타인 이론의 타당성과 뉴턴 물리학을 조심스럽게 비교하는 태도를 취했다면, 『뉴욕타임스』는 아인슈타인의 이론이 이미 과학자들 사이에 전적으로 수용되었다는 식으로 대서특필했다. 첫 보도는 11월

아인슈타인의 특수상대성이론에 대한 한가지 흔한 오해

사람들은 아인슈타인의 특수상대성이론이 "세상의 모든 것은 보는 사람의 관점, 혹은 준거틀(frame of reference)에 따라 달라진다"는 것을 의미한다고 생각한다. 준거틀은 물리학적인 의미에서는 물체의 운동을 기술하는 기준점을 제공하는 기준계이고, 일반적인 의미로는 일정한 배경지식에서 다른 관점들을 해석하는 준거라는 의미로 사용된다. 이렇게 준거틀이 물리학적인 의미와 일반적인 의미를 모두 가지고 있기 때문에 상대성이론은 종종 "모든 지식과 견해는 상대적이다"라는 식으로 해석되었다.

이러한 해석은 아인슈타인의 특수상대성이론이 '절대적 관계'를 추구한 것이었음을 생각하면 잘못되어도 한참 잘못된 것이다. 아인슈타인의 특수상대성이론은 좌표의 운동에 관계없이 뉴턴의 법칙($F=ma$)만이 아니라 맥스웰의 전자기법칙까지도 변하지 않고 적용될 수 있음을 보여준 것이었다. 즉 관찰자가 등속으로 운동하는지 또는 정지해 있는지와는 무관하게 물리량들 사이에 관계를 나타내는 물리법칙이 불변하도록 기술할 수 있는 시간과 공간 사이의 '절대적' 관계가 존재한다는 점을 보인 것이다.

정리하면, 특수상대성이론은 시간과 공간을 관찰자의 운동상태에 '상대적'으로 만든 것은 사실이지만 그 '상대적인' 방식이 모든 경우에 동일하고, 그 결과 물리법칙의 절대적 성립을 보장했다는 점에서 '절대적인' 물리적 관계를 제안했다고 할 수 있다.

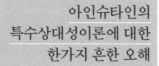

9일 "획기적"(epoch-making)이라는 말을 포함한 제목으로 나왔는데, 이 기사는 아인슈타인의 이론이 뉴턴 이래 가장 위대한 발견이라고 소개했다. 그 다음날인 10일자 기사의 제목도 「아인슈타인의 이론이 승리하다」로 잡혀 있었다. 이런 기사는 독자들에게 모든 과학자들이 아인슈타인의 이론을 지지했으며 그의 이론이 확증되었다는 느낌을 안겨줄 만했다.

1919년 각종 언론이 '뉴턴 대 아인슈타인'의 대결 구도를 조성하면서 아인슈타인의 상대성이론이 뉴턴적 세계관을 붕괴시켰다고 대서특필한 데는 당시 시대정신이 '혁명'이었다는 이유도 한몫했다. 1919년 11월은 1917년 러시아에서 볼셰비끼혁명이 일어난 지 2년 된 때였으며, 독일에서는 사회주의자들이 사회주의혁명운동을 일으키던 시기였다. 아인슈타인의 상대성이론은 오랫동안 기다리던 과학에서의 혁명으로 소개되었고, 19세기를 종식시키며 20세기라는 새로운 세기를 여는 여러 문화적 변화와 연결되었다. 상대성이론과 삐까소[53]의 큐비즘 사이의 연관에 대한 비평가들의 글이 쏟아졌고, 상대성이론과 프로이트,[54] 상대성이론과 베르그쏜[55]의 철학, 상대성이론과 플로베르[56]의 소설 사이에 관련이 있는 것으로 간주되었다. 주코프스키,[57] 에즈라 파운드,[58] 버지니아 울프[59] 같은 문인들은 상대성이론이 제시한 새로운 시공간의 개념을 문학에 원용했다. 원근법과 의식의 세상, 뉴턴주의 우주론이 무너지면서 큐비즘과 무의식의 세상 그리고 상대성이론이 동시에 펼쳐진 것이다. 혁명에 매혹됨과 동시에 혁명을 두려워하던 시절에 아인슈타인의 상대성이론은 과학의 혁명을 상징하는, 그렇지만 이해할 수 없는 어떤 것으로 대중들에게 다가온 것이다.

6

신화를 넘어서 창조성의 근원으로

이제 우리는 뉴턴과 아인슈타인의 창조성에 대한 본격적인 분석을 위해 한가지 토대를 마련했다. 그것은 뉴턴과 아인슈타인의 업적이 같은 시대 과학자들에게 이해가 안될 정도로 어려웠던 것도 아니며, 이들이 기존의 과학적 업적과는 무관하게 고립된 채로 혼자서 우주의 신비를 사색하던 과학자도 아니었다는 것이다. 이들이 노력한 천재가 아니라 번득이는 순간적 영감으로 당대 과학의 난제를 해결한 천재였다는 것은 나중에 후계자들과 대중서, 언론이 만들어낸 이야기에 불과한 것이다.

그렇다면 뉴턴과 아인슈타인의 업적은 구체적으로 어떤 과정을 거쳐 구상되었고 세상에 나오게 되었는가? 이들이 가진 창조성의 근원은 무엇인가?

제 2 장 뉴턴, 풍차와 흑사병 그리고 '기적의 해'

Newton

Annus Mirabilis

1

과학혁명의 상징, 뉴턴

근대 서유럽 지적 문화의 형성에 지대한 영향을 끼친 사건으로 르네쌍스와 종교개혁을 꼽는 경우가 많다. 만약 여기에 하나를 더 포함시킨다면 주저없이 근대 과학혁명을 들 수 있다. 르네쌍스와 종교개혁이 신과 인간의 관계에 변화를 일으켰다면, 과학혁명은 이와 동일한 정도로 자연과 인간의 관계에 변화를 가져왔다. 이 변화는 이후 서유럽을 넘어 전세계로 확대되었다. 우리는 과학혁명의 결과로 탄생한 근대과학에 기대어 자연을 이해하고 이용하고 있으며, 오늘날 우리가 누리는 풍요의 상당부분이 또한 여기에서 연유한 것이다.

이런 점에서 역사학자 버터필드[1]는 과학혁명이 유럽문화 전반에 미친 영향을 높이 사면서, 이것에 비한다면 "종교개혁이나 르네쌍스는 중세 기독교사회 내의 단순한 에피쏘드에 불과한 것"이었다고 평가하기도 했다.

16~17세기 서유럽을 무대로 펼쳐진 과학혁명은 중세의 우주관을 뒤흔들어 붕괴시키고 그 자리를 근대적인 세계관으로 대체했다. 중세인들이 밤하늘에서 지구를 중심으로 회전하는 태양과 달, 행성들을 보았다면, 과학혁명을 겪은 근대인들은 태양을 중심으로 천체가 회전한다고 생각했다. 또한 자연을 탐구하는 방법에서도 과학혁명 이전 사람들이 언어의 논리를 중요시하면서 토론과 논쟁을 통해 자연을 이해하려고 한 반면, 과학혁명의 주역들은 수학과 실험을 자연 탐구의 가장 중요한 방법으로 확립했다.

르네쌍스나 종교개혁과 마찬가지로 과학혁명도 그 정확한 시작과 끝을 규정하는 것이 쉽지 않고 학자들의 관점에 따라 조금씩 견해가 다르다. 그러나 보통 과학혁명은 한권의 책에서 시작해 한권의 책으로 마무리되었다고 본다. 1543년 지동설을 주장한 코페르니쿠스[2]의 『천구의 회전에 관하여』로 시작해 1687년 만유인력을 발표한 뉴턴의 『프린키피아』로 완결을 맺는 것이다.

여기서 뉴턴은 과학혁명이라는 거대한 역사적 사건을 대표하는 상징이라고 할 수 있다. 그는 『프린키피아』를 통해 코페르니쿠스에서 시작해 케플러, 갈릴레오를 거치면서 기틀을 잡은 태양 중심 우주체계와 갈릴레오, 데까르뜨, 호이겐스 등이 마련한 역학의 새로운 개념들을 만유인력과 3개의 운동법칙으로 종합해 근대역학과 근대 천문학을 확립했다. 그는 하늘의 별이든 지구 위의 사과든 상관없이 질량을 지닌 두 물체 사이에는 거리의 제곱에 반비례하는 인력이 작용한다[3]는 점을 밝히고, 이것과 자신의 운동법칙(관성의 법칙, 운동의 법칙, 작용 · 반작용의 법칙)을 결합해 행성의 타원운동을 설명하는 케플러의 법칙을 수학적으로 증명했다. 150년 가까운 시간 동안 과학의 여러 분야에서 일어난 다양한 변화들은 마침내 뉴턴이라는 하나의 수렴점을 거쳐 근대과학이라는 통일된 체계로 태어난 것이다.

2

풍차로 대학에 가다

뉴턴이 인류에 기여한 여러가지 공헌은 부분적으로는 특이한 성장과정 때문이라고도 할 수 있다. 아버지는 뉴턴이 태어나기도 전에 사망했으며, 성직자인 새아버지는 뉴턴을 울즈소프에 있는 농장에서 할머니와 함께 살도록 했다. 뉴턴은 다른 아이들과 떨어져 혼자 지내면서 내면세계에 깊이 침잠해 들어갔고, 자연스럽게 호기심을 키워나가는 시간들을 많이 가질 수 있었다. 그는 자기 자신과 대화하기를 좋아했는데, 이는 평생에 걸친 성격이 되어버렸다.

뉴턴의 호기심이 어느 정도였는지를 보여주는 좋은 일화가 있다. 한번은 폭풍이 불 때 창고문을 닫으라는 심부름을 나갔다. 창고에

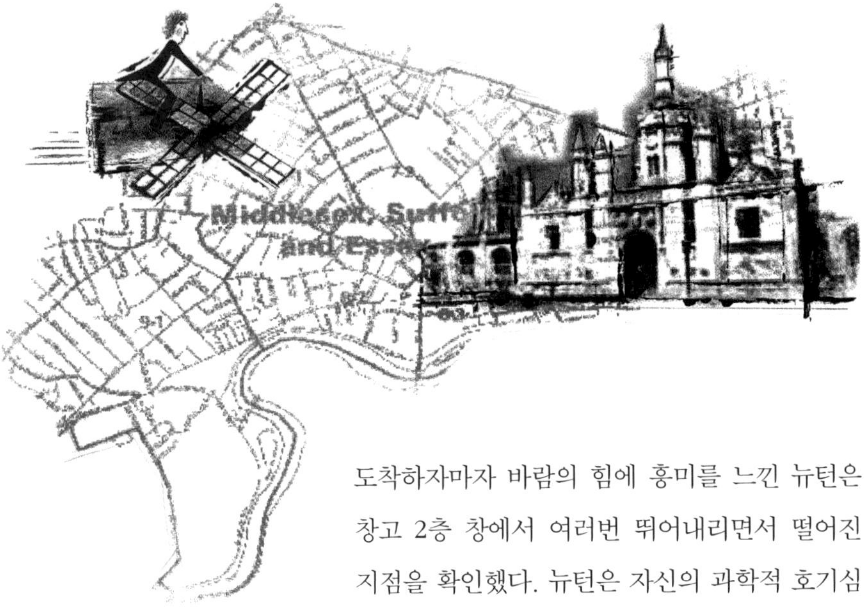

도착하자마자 바람의 힘에 흥미를 느낀 뉴턴은 창고 2층 창에서 여러번 뛰어내리면서 떨어진 지점을 확인했다. 뉴턴은 자신의 과학적 호기심을 충족할 수 있었지만 그새 창고문은 그만 바람에 날아가버리고 말았다. 또 한번은 말을 끌고 가면서 깊은 명상에 빠진 나머지 마구가 벗겨지는 것을 알아차리지 못한 적도 있었다. 목적지에 도착해보니 말은 어디로 갔는지 보이지 않고 손에는 고삐만 남아 있었다고 한다. 한편 뉴턴은 키가 작고 몸집이 왜소했기 때문에 자기보다 큰 아이들이 싸움을 걸어오면 힘으로는 이길 수 없었다. 그럴 때마다 뉴턴은 항상 그럴싸한 변명을 늘어놓고 도망치는 꾀를 부릴 정도로 영리했다고 한다.

열아홉살이 되던 1661년 뉴턴은 케임브리지대학의 트리니티칼리지에 입학했다. 그는 열두살부터 울즈소프에서 가장 가까운 도시인 그란섬(Grantham)에 있는 킹즈 스쿨(King's School)에 다녔는데,

그란섬에는 내와 개천이 많아서 사람들은 곡식을 찧기 위해 물레방아를 사용했으므로 풍차는 보기 힘들었다. 그런데 근처에 풍차가 하나 세워지자 사람들은 신기해하면서 이 볼거리를 화제로 삼았다. 당연히 호기심이 많던 뉴턴도 이 진기한 풍차에 흥미를 느끼고 그 작동원리를 연구했다. 어린 나이였음에도 불구하고 뉴턴은 움직이는 풍차 모형을 정확히 만들었다. 풍차의 원리를 이해하고 그것을 작동이 가능할 만큼 재현해내는 능력을 보고 뉴턴의 선생님은 크게 감동을 받았다.

뉴턴은 젠트리[4] 출신으로, 돌아가신 아버지 쪽에서 장원을 이어받도록 되어 있었고, 또한 어머니가 부유한 성직자와 재혼한 덕에 집안이 넉넉한 편이었다. 그러나 당시 영국에는 대학이 많지 않았고 그나마도 성직자나 귀족을 위한 곳이었으므로 어머니는 뉴턴을 대학에 보내지 않으려고 했다. 하지만 정확하게 풍차 모형을 만들어내는 뉴턴을 보고 진작부터 재능을 인정하고 있었던 뉴턴의 선생님과 삼촌은 그의 재능이 묻힐 것을 걱정해 완고한 어머니를 설득해 뉴턴을 대학에 보내도록 했다. 하지만 어머니가 보내주는 돈이 워낙 적었기 때문에 뉴턴은 여러가지 잔일과 교수의 심부름을 하는 근로장학생이 되어야만 했다.

대학에 진학한 뉴턴은 새로운 학문을 배울 기대로 가득 차 있었다. 그러나 당시 대학은 고대 그리스 철학자들, 그중에서도 특히 아리스토텔레스의 견해를 전수하는 일에 몰두해 새로 등장하고 있던 학설들, 예를 들면 갈릴레오나 케플러, 데까르뜨의 견해를 소개하는 데는 인색했다. 게다가 실험이나 수학을 중요시하는 오늘날과 달리, 논리에 따라 주장을 펴나가는 논쟁과 토론을 중요하게 여겼다. 이렇게 교육방식이 달랐으므로 문제를 묻고 그에 답하는 방식도 오늘날과는 상당한 차이가 있었다. 가령 근대과학이 "빛은 어떻게 전달되는가"를 질문하고 그에 대한 답변을 수학과 실험을 통해 얻고자 한다면, 아리스토텔레스식으로 교육받은 사람은 "빛은 무엇인가"라고 묻고 이에 대해서 아리스토텔레스를 비롯한 고대 철학자들의 견해를 찾아보고 그것을 논리적으로 재구성함으로써 답을 찾고자 했다. 따라서 기계 만드는 것을 좋아하고 최신의 학문을 배우고자 한 뉴턴에게 정작 대학은 큰 실망만을 안겨주었다.

한편 뉴턴은 1663년, 당시 초대 루카스 수학 석좌교수로 막 부임한 수학 교수인 배로우[5]에게서 기하학과 광학 강의를 들었는데, 그나마 배로우가 뉴턴의 능력을 알아보고 인정하였다. 그렇다고 해서 배로우가 뉴턴과 비슷한 관심을 가진 것은 아니었다. 배로우는 기하학을 다루는 수학자로서 빛의 물리적 현상보다는 기하광학 자체에 관심을 가지고 있었다. 게다가 직접 눈에 도달하는 빛인 룩스(lux)와 눈에 도달하기 전에 반사되거나 산란되는 등 물체와의 상호작용에 영향을 받는 빛인 루멘(lumen)으로 빛을 구분하는 전통적인 관점을 고수했다. 따라서 뉴턴은 배로우의 『광학 강의』와 『기하학 강의』를 편집해 각각 1669년, 1670년에 이들을 출판하는 일을 거들면서 배로우가 독창적인 기하학을 구사했다고 칭찬하기도 했지만, 내용을 편집하는 과정에서 배로우의 논의를 수정하기도 했다. 배로우는 1669년에 루카스 석좌교수 자리를 뉴턴에게 물려주었으며 뉴턴은 이로써 스물일곱살의 나이로 케임브리지대학의 2대 루카스 석좌교수가 되었다.

배로우의 영향보다 더 중요한 것은 뉴턴이 독학으로 당시 과학혁명의 대가들의 저작을 독파했다는 사실이다. 뉴턴은 대학을 다니면서 갈릴레오의 역학, 케플러의 광학과 천문학, 보일의 색깔론, 데까르뜨의 기계적 철학, 광학과 기하학에 대한 저술에 천착했으며, 자연현상을 물질과 운동으로 설명하면서 아리스토텔레스를 비판한 데까르뜨의 기계적 철학에 매료되었다. 뉴턴은 이들의 저작을 꼼꼼하게 읽으면서 각 이론의 차이에 주목했다. 뉴턴은 데까르뜨와 보일이 프리즘을 통해 색깔이 만들어지는 현상과 조수(潮水)와 같은 자연현상을 다르게 설명하고 있음에 주목했고, 이들의 이론과 자신의 생각을 비교하면서 발전시켰다.

3

흑사병과 '기적의 해'

과학사에서 1665~66년은 '기적의 해'로 일컬어진다. 20대 초반의 뉴턴은 평생에 걸친 업적의 기반이 되는 아이디어의 대부분을 바로 이 시기에 얻었다고 한다. 한 개인이, 그것도 20대 초반의 젊은이가 미적분학 · 광학 · 역학에 대한 핵심적인 생각들을 이 짧은 기간에

Annus Mirabilis, 기적의 해

경이의 해 혹은 기적의 해를 의미하는 'annus mirabilis' 라는 말은 영국의 시인 존 드라이든이 동명의 장시(長詩) 「기적의 해」(1667)에서 처음 사용했다. 드라이든은 이 시에서 흑사병, 런던 대화재, 네덜란드와의 전쟁으로 점철된 1666년을 영국 역사에서 경이의 해라고 불렀다. 드라이든의 시적 상상력은 사람들이 모두 악몽 같은 해로 기억하는 1666년을 런던의 재건과 미래의 승리를 기약하는 경이롭고 기적적인 해라고 부른 데서 잘 드러난다.

뉴턴과 관련해서는 보통 흑사병 때문에 케임브리지대학이 휴교한 뒤 뉴턴이 고향에서 연구에 전념한 1665~66년을 기적의 해로 부르는데, 사람에 따라 1665년만을, 또는 1666년만을 그렇게 부르기도 한다.

아인슈타인이 브라운운동, 광량자가설, 특수상대성이론에 대한 3편의 논문을 출판한 1905년도 종종 기적의 해로 불린다. 핵물리학자들은 중성자, 양전자, 가속기에 의한 핵분열을 발견한 1932년을 가리키기도 한다.

얻어낸 것에 대한 놀라움과 찬사를 사람들은 '기적' 이라는 말 속에 담았다.

기적의 해는 런던을 강타한 흑사병과 함께 시작했다. 전염력이 강한 흑사병은 14세기에 복잡한 경로를 통해 들어와 유럽을 큰 혼란에 빠뜨렸다. 한 연구에 따르면 이 병으로 전유럽 인구의 1/3이 감소했을 정도였다고 한다. 특별한 예방법이나 치료법이 알려져 있지 않았으므로 흑사병에 관한 권위자마저도 흑사병을 피하기 위해서는 도망가는 것이 최상의 방책이라고 충고할 정도였다. 흑사병으로 큰 피해를 입은 농촌 사람들이 도시로 이주하면서 16~17세기에는 흑사병이 주로 인구가 많은 도시에서 발생하게 되었다. 대부분의 지식인들은 흑사병이 발발하자마자 도망가기에 바빴고, 뉴턴도 예외는 아니었다. 대학생 시절인 1665년 흑사병이 런던을 습격하자 지리적으로 가까운 케임브리지에도 병이 퍼질 위험이 있었으므로 학교는 문을 닫았고 뉴턴은 고향으로 돌아가게 되었다.

고향에 돌아온 뉴턴은 1667년 다시 케임브리지로 돌아가기 전까지 대학에서 고민하던 문제를 성숙시키고 해결책을 찾는 데 골몰했다. 이 시기 그의 연구목록에서 중요한 부분을 차지한 주제 중 하나는 '빛'이었다. 특히 그는 프리즘을 가지고 빛에 관한 중요한 성질을 밝혀냈다. 또한 이 시기에 그는 미적분학의 기초가 되는 아이디어들도 확립했다. 뉴턴을 가장 유명하게 만든 만유인력과 관련된 아이디어가 등장한 것도 이때였다. 만유인력 개념을 이끌어냈다고 알려져 있는 사과 일화도 이때의 사건으로 기록되어 있다.

이처럼 물리학의 판도를 결정지은 중요한 개념들을 뉴턴이 짧은 기간에 얻어냈기 때문에 과학사에서는 이 해를 기적의 해로 부르는 것이다. 하이젠베르크[6]의 불확정성원리나 아인슈타인의 특수상대성이론, 광양자이론에서 볼 수 있는 것처럼 물리학의 중요한 변혁들

기적의 해의 진실과 신화

뉴턴은 빛의 본질에 대한 새롭고 독창적인 아이디어를 1665~66년에 집에서 프리즘을 가지고 실험하다가 얻었다. 하지만 당시 뉴턴은 자신의 생각을 체계적인 이론으로 발전시키지 못했고, 자신의 생각과 다른 과학자들의 이론 사이에 존재하는 첨예한 차이도 인식하지 못했다. 빛에 대한 뉴턴의 연구는 1669년 케임브리지대학의 루카스 수학 석좌교수로 임명되고, 첫 강의 주제로 광학을 선택해 강의를 하고 실험을 하면서 원숙한 형태로 발전했다.

역학과 중력이론에 대한 연구는 1665~66년에는 아주 초보적인 수준이었다. 뉴턴은 원운동하는 물체가 중심에서 벗어나려는 경향인 원심력(centrifugal force)의 형태를 수학적으로 얻어냈고, 태양과 행성 사이에 작용하는 케플러의 제3법칙을 대입해서 행성이 태양에서 멀어지려는 경향이 거리의 제곱에 반비례한다는 것을 계산하기도 했다. 이처럼 뉴턴은 당시만 해도 원운동에서 원심력에 주목하는 기계적 철학을 받아들이고 있었다. 아직 그에게는 두 물체가 서로 잡아당기는 만유인력이라는 힘의 개념이 존재하지 않았다.

광학이나 역학에서의 업적과 비교하면, 뉴턴은 기적의 해에 미적분학과 관련해서는 아주 중요한 업적을 이루었다. 1665년, 곡선이 만드는 면적을 계산하는 문제를 골똘히 생각하던 뉴턴은 적분의 기초를 발견했고, 이어서 곡선의 접선과 미분의 관계를 발견했다. 뉴턴은 이 미적분의 방법을 '유율법'(the method of fluxions)이라고 불렀는데, 1666년 10월에는 자신의 방법을 함수의 미분 · 적분 · 곡률 · 접선과 같은 문제에 응용할 수 있을 정도로 발전시켰다.

이 20대 초반에 이루어지는 것은 드문 일이 아니다. 그렇다고는 해도 뉴턴이 기적의 해에 이룬 일들은 한 젊은 학자가 그렇게 단기간에 이루었다고 보기에는 너무나 방대하다. 정말 뉴턴은 하늘이 낳은 천재라서 몇십년에 걸쳐서 일어나기에도 벅찬 개념적 변혁들을 1, 2년이라는 짧은 기간에 이끌어낼 수 있었던 것일까?

제3장 프리즘으로 세상을 읽다

Newton

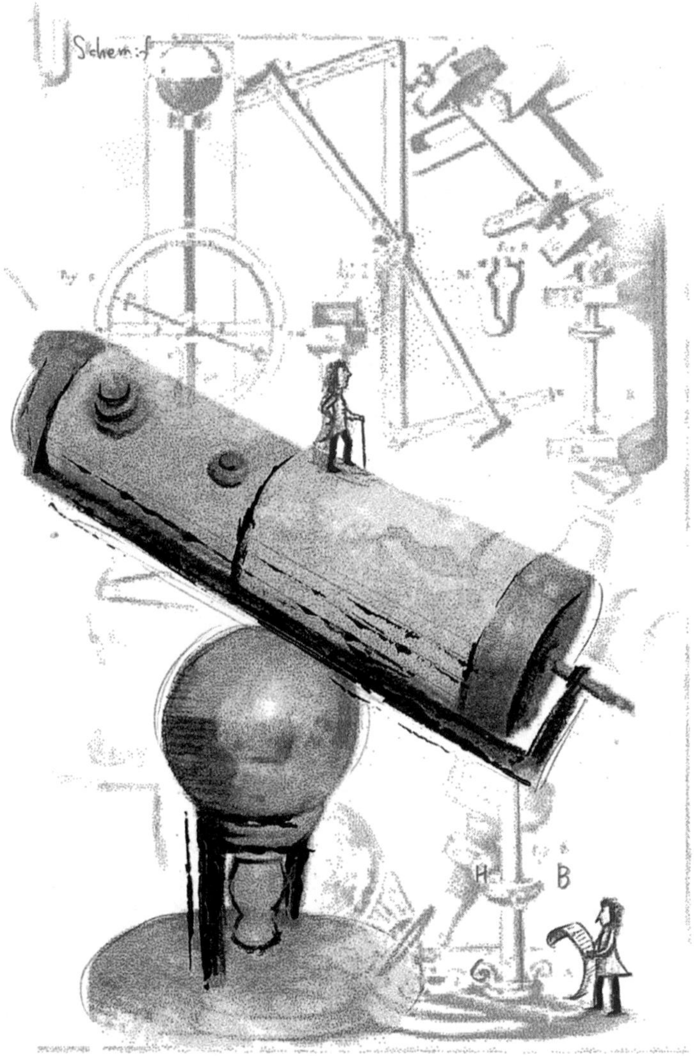
Schem:
H
B

1

뜨거운 감자, 빛

빛은 도대체 잡을 수가 없다. 냄새를 맡을 수도, 소리를 들을 수도 없다. 보이기만 할 뿐이다. 그래서일까? 우리는 늘 빛을 보고 느끼지만 빛에 대해 아는 것이 많지 않다. 하지만 이것이 바로 빛의 매력이다. 늘 곁에 있어서 모든 것을 알고 있는 것처럼 친숙하지만 사실은 그렇지 않다는 것. 그래서 인간은 끊임없이 빛에 대해 관심을 가지고 연구하는지도 모른다.

문제는 빛을 연구하면 할수록 더욱 어려워진다는 것이다. 예를 들어 “빛은 어떻게 우리 눈에 보이게 되는가”와 같은 간단한 질문을 가지고 과학자들은 몇백년 동안 골머리를 앓았다. 왜냐하면 이 질문에 대답하기 위해서는 우선 "빛은 무엇인가"라는 질문에 대한 해답이 있어야 하기 때문이다. 고대 인도의 신화에는 최초의 인류가 빛을 먹고살았다는 이야기가 등장하기도 하는데, '빛' 이라는 말은 사실 매우 추상적이어서 일상적인 언어로 빛이 무엇인지 설명하는 것은 매우 힘들며 대개는 '어둠' 의 반대로 이해된다.

역사적으로 빛이 무엇인지에 대한 과학자들의 설명은 크게 두 부류로 나누어볼 수 있다. 한쪽에서는 빛을 잔잔한 호수에 던진 돌멩이가 일으키는 물결처럼 퍼져나가는 파동이라고 보았다. 우리가 빛을 볼 수 있는 것은 이렇게 퍼져나가는 파동이 우리 눈에 닿기 때문이라는 것이다. 기원전 4세기 무렵 고대 그리스의 철학자 아리스토텔레스가 그렇게 생각했고, 2천년이 지난 후 17세기에 네덜란드의 호이겐스 역시 빛이 파동의 형태로 전달될 것이라고 추론했다.

그러나 또 한쪽에서는 빛은 입자들로 이루어져 있으며 우리 눈이 이 입자들의 흐름을 감지할 수 있기 때문에 빛을 볼 수 있는 것이라고 주장했다. 호이겐스가 빛이 파동의 형태로 전달될 것이라고 주장한 것과 비슷한 시기에 영국에서는 뉴턴이 빛은 입자의 형태를 띤다는 주장을 폈다. 이후 18세기를 통해서 대부분의 과학자들은 뉴턴을 좇아 빛의 입자이론을 편들게 되었다. 특히 프랑스의 라쁠라스[1]와 비오는 입자이론을 기반으로 모든 물리현상을 설명하려고 했고, 나뽈레옹의 지지에 힘입어 큰 성공을 거두었다. 19세기와 20세기를 거치는 동안 빛의 파동이론이 다시 득세하긴 했지만, 빛에 대한 뉴턴의 이론은 빛의 본성이 무엇인지를 둘러싼 논쟁에서 매우 중요한 역할을 했다.

하지만 논쟁은 여기서 끝나지 않았다. '빛의 간섭원리'[2]로 우리에게 잘 알려진 영국의 토마스 영[3]을 시작으로 19세기에는 전세가 서서히 역전되어 오히려 과학자들은 빛의 파동이론이 입자이론에 비해서 물리현상을 설명하는 데 더 잘 들어맞는다고 생각하게 되었다. 프랑스의 프레넬[4]은 1815년경부터 빛의 회절[5]에 관한 실험연구를 시작해 영과는 독립적으로 빛의 파동이론을 부활시켰다. 19세기 후반에 이르면 영국의 맥스웰이 전자기파[6]의 존재를 이론적으로 유도한 뒤 전자기파의 속도가 빛의 속도와 일치한다는 점을 근거로 빛이 곧 전자기파라는 사실을 입증했다.

그러나 20세기로 넘어오면서 또 한번 빛의 입자이론으로 전세가 기우는 사건이 벌어졌다. 금속에 빛을 쬐면 전자가 튀어나오는데, 튀어나오는 전자의 운동에너지는 빛의 세기와는 상관없이 오로지 빛의 파장에 따라 최대값이 결정되며, 빛의 파장이 짧을수록 에너지가 크다는 사실이 밝혀진 것이다. '광전효과'(photoelectric effect)로 불리는 이 현상은 전자가 전자기파의 형태를 지닌 빛에너지를 연속적으로 흡수하는 것으로 생각되던 그때까지의 이론으로는 이해할 수 없는 수수께끼였다. 바로 이때 아인슈타인이 등장했다. 그는 에너지가 연속적인 값이 아니라 불연속적인 값을 가진다는 플랑크의 양자가설을 빛에 적용했다. 그래서 빛이 연속적인 파동으로 공간에 퍼지는 것이 아니라 입자, 즉 광자(photon)로서 마치 불연속적인 입자처럼 운동한다고 주장했다. 17세기에 뉴턴이 빛의 입자이론을 제시한 이래로 20세기에 아인슈타인 덕분에 빛의 입자이론이 한번 더 부활한 것이다.

2

사과는 낮에만 빨갛다?

이쯤이면 빛이 역사적으로 위대한 과학자들에게서 얼마나 많은 관심과 주목을 받았는지를 짐작할 수 있을 것이다. 그렇다면 이제 뉴턴의 이야기를 본격적으로 시작해보자. 사실 세가지 운동법칙이나 만유인력법칙으로만 뉴턴을 기억하는 사람이라면 뉴턴이 빛의 입자이론을 주장했다는 사실이 새롭게 들릴 수도 있다. "뉴턴이 빛도 다뤘어?" 하며 되묻는 사람이 있을지도 모른다. 그러나 사실 뉴턴은 빛과 렌즈에 대한 연구로 과학자로서의 인생을 시작했다.

뉴턴과 빛의 관계는 뉴턴이 1663년 스터브리지 박람회에 갔다가 점성술[7] 책을 집으면서 시작된 것으로 보인다. 뉴턴이 고른 점성술 책은 기하학과 삼각법을 이용해 점성술의 원리를 설명하고 있었는데 뉴턴은 이를 이해할 수 없었다. 뉴턴은 점성술의 원리를 제대로 이해하기 위해 케플러와 데까르뜨의 기하학과 광학을 독학하기 시작했다. 이후 뉴턴은 빛의 반사나 굴절[8]이 일어난 후 상의 위치를 결정하는 기하광학을 공부하는 한편 빛이 어떻게 움직이고, 어떻게 눈에 보이게 되는지, 반사와 굴절 같은 빛의 현상들은 어떻게 나타나는지 등의 물리적 문제에 관심을 가지게 되었다.

케임브리지대학에 진학한 뉴턴은 배로우의 강의를 듣는 한편 스스로 아리스토텔레스의 색깔이론과 보일, 후크 그리고 데까르뜨의 빛과 색깔에 관한 논의를 공부해갔다. 뉴턴은 무엇보다도 데까르뜨의 빛과 색깔이론에 큰 관심을 보였는데, 데까르뜨의 『철학의 원리』와 함께 그의 광학적 견해가 담긴 『굴절광학』『기상학』『기하학』 등을 완전히 이해하기 위해 많은 시간과 노력을 들였다.

뉴턴이 이처럼 특별한 노력을 기울인 데까르뜨는 『철학의 원리』를 통해 당시 여전히 주도권을 쥐고 있던 아리스토텔레스적 세계관을 완전히 기계적인 것으로 바꾸어버린 사람이었다. 아리스토텔레스는 색깔을 원래 물체에 존재하는 색깔과 그렇지 않은 색깔로 나누었다. 여기서 원래 물체에 존재하는 색깔이란 빛이 없어도 물체에서 사라지지 않는 고유한 성질인 '실제 색깔'을 가리키는 것이었다. 이와는 반대로 빛이 없으면 물체에서 사라지는 '겉보기 색깔'은 물체의 고유한 성질이 아니었다. 예를 들어 아리스토텔레스식으로 설명하자면, 사과가 빨간색을 띠거나 나뭇잎이 녹색을 띠는 것은 이들이 사과와 나뭇잎의 고유한 성질인 실제 색깔을 가지고 있기 때문이다(이런 색들은 깜깜할 때도 존재하는 것이다). 하지만 무지개의 색깔은 빛이 없어 어두울 때는 존재하지 않으므로 겉보기 색깔이라고 할 수 있다. 아리스토텔레스는 겉보기 색깔이 빛과 어둠을 섞어서 만들어진다는 이론을 제창했고 이는 변형이론(modification theory)으로 불렸다. 여기서 '변형'이란 백색광이 변형되어 빨강 · 파랑 · 노랑 등 다른 모든 색깔들이 만들어진다고 보았기 때문에 붙여진 이름이다.

데까르뜨는 색깔에도 그의 기계적 철학을 적용했기 때문에 물질이 처음부터 고유한 색깔을 가지고 있다는 아리스토텔레스의 견해를 받아들일 수 없었다. 따라서 그는 실제 색깔과 겉보기 색깔을 구분하지 않고 똑같은 개념을 사용해 사과와 무지개의 색깔을 설명했다. 우선 데까르뜨는 빛이 미세물질로 구성된 매질을 통해 순간적으로 전달되는 압력이라고 파악했다. 서로 다른 색깔이 생기는 것은 직진하는 빛이 반사나 굴절을 겪은 뒤에 그 성질이 달라지기 때문인데, 데까르뜨는 반사나 굴절 뒤 미세물질에 회전하려는 경향이 생긴다고 주장했다. 데까르뜨에 의하면 무지개의 일곱 색깔 중 빨간색은 미세물질의 회전 경향이 증가해서 나타나는 것이고, 반대로 파란색은 미세물질의 회전 경향이 감소해서 나타나는 것이다. 무지개는 공기 중에 있는 작은 물방울에 굴절된 빛이 서로 다른 색깔을 만든 것이고, 사과를 비롯한 모든 물체가 색깔을 띠는 것도 물체 표면의 상태에 따라서 반사하는 빛이 회전하는 정도가 변하기 때문이다. 이처럼 데까르뜨는 물체 표면의 질감에 따라서 빛의 회전 경향이 변하기 때문에 빛이 빨간색이나 그밖의 다른 색깔로 바뀔 수 있다고 설명했다. 이런 점에서 데까르뜨는 아리스토텔레스와는 달리 실제 색깔과 겉보기 색깔을 구분하지는 않지만 결과적으로 아리스토텔레스처럼 빛이 변형되어 색깔이 생긴다는 변형이론을 지지하고 있었다. 그리고 뉴턴이 의문을 품은 것도 바로 이 부분이었다.

뉴턴에게 의문을 심어준 사람이 아리스토텔레스와 데까르뜨였다면, 그 의문을 해결하는 데 큰 영향을 끼친 사람은 보일이었다. 보일의 영향을 받은 뉴턴은 실제로 프리즘이나 렌즈를 가지고 직접 실험하는 과정에서 자신의 의문을 해결하고자 했으며, 신중하게 실험을 계획한 후 이를 용의주도하게 수행하고 수차례에 걸쳐 반복해서 그 결과를 기록했다. 보일은 관찰된 현상들을 검증하거나 조사할 목적으로 실험을 사용하는 것을 넘어서, 현상을 설명할 수 있는 이론을 발전시키기 위해 정확한 실험 프로그램을 사용해야 한다고 주장한 사람이었다. 보일은 실험을 통해 직접 보일 수 없는 가설에 대해서는 상당히 조심스러운 태도를 취했고, 이런 점에서 보일은 실험과학의 선구자로 뉴턴의 본보기가 될 수 있었다.

3

망원경으로 유명해진 뉴턴

이처럼 뉴턴은 아리스토텔레스, 데까르뜨, 보일 등의 논의를 자세히 분석하면서 그들의 주장을 받아들이기도 하고 비판하기도 하는 과정을 통해 자신의 생각을 정립해나갔다. 하지만 당시 빛에 관해서 실제로 알려진 사실은 거의 없었고 따라서 연구 수준도 걸음마 단계라고 할 수 있었다. 사람들이 알고 있는 사실이라고는 유리가 빛을 굴절시킨다는 것과 그 굴절에 대한 수학법칙, 갈릴레오가 30배율의 망원경을 만들어 별과 위성의 움직임을 관측했으며, 프리즘이 빛을 여러 색의 스펙트럼으로 분산시킨다는 것 정도가 전부였고, 색깔이 생기는 이유에 대해서는 저마다 견해가 달랐다. 뉴턴은 이런 상황에서 반사망원경을 직접 제작했고, 이로써 처음으로 자신의 이름을 과학계에 널리 알릴 수 있었다.

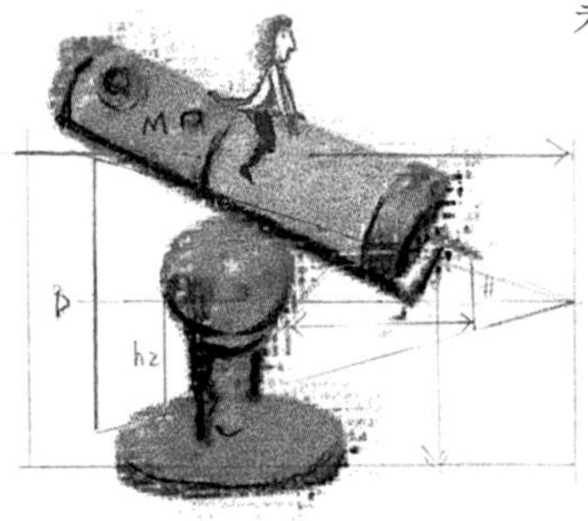

1608년 네덜란드 미델부르흐의 한 안경공이 처음 망원경을 만들었다. 갈릴레오는 이 소식을 전해 듣고는 이듬해 망원경을 직접 제작해 그때까지 눈으로는 관측되지 않던 천체들을 망원경을 사용해 최초로 관측하는 데 성공했다. 이후 사람들은 렌즈끼리 연결하거나 렌즈와 거울을 연결해 멀리 떨어진 물체의 상을 선명하고 크게 만들기 위해 노력했다. 따라서 상이 어떻게 형성되는지와 같은 기하학적 문제는 자연스럽게 사람들의 관심을 끌 수밖에 없었다. 또한 어떻게 렌즈의 구경과 배율을 증가할 수 있을까, 어떻게 상의 질을 향상할 수 있을까 등의 문제가 과학자들의 관심사가 되었다. 뉴턴은 바로 이러한 질문들에 대한 해답으로 자신이 만든 반사망원경을 선보인 것이다.

뉴턴은 반사망원경을 만들기 위해서 다양한 실험을 수행했다. 볼록렌즈를 통해 물체를 볼 때 상의 가장자리에 색깔이 나타나는 현상, 즉 색수차(色收差, chromatic aberration)를 관찰한 뉴턴은 그 이유를 알아내려고 다음과 같은 실험을 했다. 우선 직사각형의 카드

조각을 반은 진한 빨간색으로 나머지 반은 진한 파란색으로 칠한 다음, 카드에 검은색의 가는 명주실을 감아서 빨간색과 파란색의 배경에 검은 선이 그어지도록 만들었다. 그런 다음 카드를 밝게 비추었다. 당시에는 전기가 없었으므로 뉴턴은 초를 사용했다. 이어서 볼록렌즈로 검은 실의 상이 하얀 종이 위에 맺히도록 초점을 맞추었다. 그랬더니 카드의 빨간색 부분의 상이 선명할 때는 파란색 부분의 상은 초점이 안 맞아서 흐리고, 반대로 파란색 부분의 상이 선명할 때는 빨간색 부분의 상은 초점이 안 맞아서 흐리게 되었다. 이러한 실험으로 뉴턴은 렌즈의 모양을 어떻게 만들든지간에 렌즈를 가지고는 상의 테두리에 색깔이 생기지 않는 선명한 상이 맺히는 망원경을 만들 수 없다는 결론에 도달했다.

한편 렌즈를 사용하지 않고도 물체의 상을 선명하게 만드는 방법이 있었는데 그것은 오목거울을 사용하는 것이었다. 거울에서는 모든 색깔의 광선이 똑같은 각도로 반사되므로 상의 테두리에 색깔이 생기지 않기 때문이다. 뉴턴은 1664년 손수 반사망원경의 제작에 착수했다. 뉴턴은 '거울의 금속' (speculum metal)이라고 불리던 재료를 사용했는데, 그것은 구리 · 주석 등을 합금한 것으로 은처럼 흰색을 띠었으며 잘 닦였다. 뉴턴은 먼저 거울을 접시처럼 오목하게 깎아서 잘 닦았다. 이것은 매우 작아서 직경이 2.5cm도 되지 않았다고 한다. 그리고 뒤로 반사된 광선이 평평한 금속거울에 반사되어 옆으로 나오게 했다. 후에 뉴턴은 이를 위해서 직각 프리즘을 사용했다. 그리고 뉴턴은 오목거울로 만들어진 상을 튜브의 옆에 삽입된 렌즈로 확대해 관찰했다. 1668년 뉴턴은 첫번째 반사망원경을 완성했는데, 그해 2월 23일 편지에서 그는 망원경의 길이가 6인치(약 15cm)밖에 안되지만 상은 40배로 확대되었다고 적었다. 또한 이 편지의 끝에 "렌즈로 된 망원경보다 반사망원경이 우월하다는 사실이 빛의 본성을 알기 위해 실시한 몇가지 실험에서 얻은 필연적 결과입니다"라고 썼다.

뉴턴은 반사망원경을 두번 제작했다. 첫번째 반사망원경을 만들었을 때 이 일은 케임브리지대학에 대단한 흥미를 불러일으켰다. 이 소식은 런던의 왕립학회에 알려지게 되었고 왕립학회는 그 반사망원경을 빨리 보고 싶다는 의사를 표명했다. 이에 뉴턴은 1671년 첫번째 반사망원경보다 더 좋은 두번째 반사망원경을 제작해 왕립학회로 보냈다(이것은 오늘날 왕립학회의 가장 귀중한 소장품으로 남아 있다). 뉴턴이 제작한 두번째 반사망원경은 거울의 지름이 5cm 가량 되었고, 전체 길이는 22cm 정도 되는 것이었다. 이 반사망원경은 왕립학회에서 열렬한 환호를 받았고, 뉴턴은 왕립학회의 회원으로 선출되었다. 왕립학회는 뉴턴에게 반사망원경을 지면으로 설명해줄 것을 요청했다. 이에 뉴턴은 망원경을 제작하는 동기가 되었고 또 망원경보다 훨씬 더 흥미로운 자신의 광학적 발견을 담은 논문을 보내기로 했다. 이 논문은 1672년 초에 왕립학회의 『철학 회보』에 발표되었다. 이렇게 해서 1664년 빛에 관한 연구를 시작하여 거의 8년이라는 시간이 지난 뒤에 「빛과 색에 관한 새로운 이론」이라는 논문으로 자신의 연구결과를 공식적으로 발표하게 된 것이다.

반사망원경의 역사

거울을 사용한 반사망원경은 렌즈를 사용한 굴절망원경의 가장 큰 결점인 색수차를 없애려는 시도를 통해서 등장했다. 1663년 그레고리는 반사망원경의 원리를 생각해내고 이를 안경공에게 만들게 했지만 성공하지 못했다. 뉴턴은 1668년에 첫번째 반사망원경을, 1671년에 두번째 반사망원경을 만들었는데 대안렌즈 바로 앞에서 빛이 45도로 꺾여 옆에서 들여다볼 수 있게 만든 것이었다. 이후 19세기 중엽부터는 반사망원경의 재료로 금속 대신 유리가 사용되기 시작했다. 그때까지 반사망원경에 사용되던 금속은 몇년 지나면 녹이 슬어 못쓰게 되었기 때문이다. 1917년 완성된 윌슨산 천문대의 100인치 망원경과 1948년 완성된 팔로마산 천문대의 200인치 망원경은 완성되던 당시 세계 최대의 크기를 자랑하는 반사망원경이었다.

4

프리즘을 보면 빛이 보인다

뉴턴이 처음으로 망원경에 관심을 가질 무렵인 1664년에는 뉴턴의 일생을 바꾸어놓은 연구의 싹이 자라나고 있었다. 그는 프리즘을 구입해서 빛의 굴절을 관찰하기 시작했고 이는 40년 후인 1704년의 저서 『광학』이 탄생할 수 있었던 초석이 되었다. 물론 뉴턴 이전에도 많은 사람들이 프리즘을 통과한 빛이 여러가지 색깔을 나타내는 현상을 목격했지만, 그들은 대개 색깔의 일반적인 원인에 의문을 품었다. 또한 색깔의 배합이나 그 원인에 대한 이론적 설명으로 끝을 맺기 일쑤였다. 그러나 뉴턴의 눈은 사소한 것 하나도 간과하지 않았다. 그는 아주 간단한 프리즘 실험을 통해 너무나도 중대한 사실을 밝혀냈다.

뉴턴의 실험은 다음과 같았다. 우선 암실에서 둥근 구멍을 통해 한줄기의 태양광선이 들어오게 했다. 광선에 프리즘을 놓으면 백색이던 광선은 색깔을 띤 여러 부분으로 나누어지고, 그 색깔들은 순서대로 빨강 · 주황 · 노랑 · 초록 · 파랑 · 남색 · 보라로 되어 있음을 발견했다. 그런데 뉴턴이 주목한 것은 둥근 구멍을 통해 들어온 백색광이 프리즘을 통과하면서 길어져서 너비에 비해 5배가량 긴 스펙트럼이 만들어진다는 것이었다. 뉴턴은 네덜란드의 스넬과 데까르뜨가 확립한 굴절법칙을 알고 있었고, 그 굴절법칙에 따르면 스펙트럼 모양이 원형이어야만 한다는 사실을 놓치지 않았다. 뉴턴의 창조성은 바로 여기서 드러난다. 그는 길쭉한 스펙트럼을 보고 만약 빛이 프리즘을 통과할 때 색깔에 따라서 다른 각도로, 즉 빨간색이 가장 작게, 보라색이 가장 크게, 그리고 나머지 색들은 그 중간 각도로 휘어진다면 이 현상이 잘 설명될 수 있다는 것을 알았다. 둥근 구멍을 통해 들어온 백색광이 프리즘을 통과한 후 길어진다면 각 색깔마다 휘는 정도가 다르기 때문이라는 사실을 단번에 눈치챈 것이다.

서로 다른 색깔의 빛이 프리즘을 통과할 때 휘는 정도가 다르다는 사실은 또다른 간단한 실험으로도 알 수 있었다. 뉴턴은 절반은 빨간색으로, 나머지 절반은 파란색으로 칠한 가는 실을 프리즘을 통해서 바라보았다. 이 간단한 실험의 결과는 놀랄 만한 것이었다. 분명히 하나의 실이 프리즘을 통해서 볼 때는 서로 분리된 2개의 실처럼 보인 것이다. 뉴턴은 빨간 실과 파란 실에 각각 반사된 빛이 프리즘을 통과하면서 서로 다른 각도로 굴절되어 그것이 마치 분리되어 있는 것처럼 보인다는 사실을 알게 되었다.

이러한 실험결과는 무엇을 의미하는 것일까? 둥근 광선이 프리즘을 통과한 뒤에 길쭉하게 변하고, 다른 색깔로 염색한 실이 프리즘을 통해서는 분리된 것처럼 보인다는 사실은 그냥 그렇구나 하고 넘어갈 수 있을 만큼 사소한 것이었는지도 모른다. 그렇지만 뉴턴은 기존의 이론이 이 간단한 현상을 설명해주지 못한다는 데 주목했다. 왜 서로 다른 색깔의 광선은 굴절률이 다를까? 왜 백색광은 프리즘을 통과한 뒤에 서로 굴절률이 다른 다양한 색깔의 광선으로 나누어지는 것일까? 그렇다면 혹시 백색광에 원래부터 굴절률이 다른 다양한 색깔의 광선이 혼합되어 있었던 것은 아닐까? 결국 뉴턴은 프리즘 실험을 통해 “백색광에는 원래 모든 색깔의 광선이 존재하며 이것이 프리즘을 통과한 후 분리되어 긴 스펙트럼을 만든다”라는 결론을 내렸다.

뉴턴의 창조적 사고는 데까르뜨의 프리즘 실험과 비교하면 더욱 돋보인다. 데까르뜨 역시 뉴턴처럼 프리즘을 이용해 실험했지만 뉴턴과는 전혀 다른 결과를 얻어냈다. 그는 프리즘의 한쪽 면에는 태양광선이 완전히 비치도록 하고, 다른 한쪽 면은 불투명한 종이로 막고 아주 작은 구멍 하나만 뚫어서 빛이 이 구멍으로만 통과하도록 했다. 태양광선은 이 구멍을 통과한 후 빨강부터 보라까지 무지개 색깔을 나타냈다. 그러나 불투명한 종이의 그림자 때문에 상이 무한정 크게 나타나지는 않았다. 데까르뜨는 이 현상을 관찰한 후 만약 불투명한 종이의 구멍이 매우 크다면 스펙트럼은 보이지 않을 것이라고 추론했다. 즉 스펙트럼은 그림자 없이는 눈에 보이지 않는다고 생각한 것이다. 따라서 데까르뜨는 "스펙트럼에는 빛의 그림자가 필요하다"라고 결론지었다. 사실 데까르뜨가 사용한 방법으로는 스펙트럼의 내부 윤곽이 그다지 뚜렷하게 나타나지 않는다. 또한 그가 비록 무지개 색깔을 띤 스펙트럼이 어떤 것인지 알고 있었다고 하더라도 그는 '둥근' 구멍을 통과한 빛의 스펙트럼이 '길게' 나타난 사소한 현상에 대해서는 전혀 신경 쓰지 않았다. 하지만 뉴턴은 바로 이 점을 매우 이상한 현상으로 받아들였고, 이에 대해 지속적으로 생각한 것이다.

한편 뉴턴은 첫번째 프리즘 실험에서 얻은 결론을 확인하기 위해서 또다른 프리즘 실험을 구상했는데, 후에 뉴턴은 이 실험을 가리켜 '결정적 실험'[9]이라고 불렀다. 그는 이 실험에서 프리즘을 2개 사용했다. 우선 첫번째 프리즘에 백색광을 통과시켜서 스펙트럼을 만들어냈다. 그런 다음 판자에 구멍을 뚫어 한가지 색깔, 가령 빨간

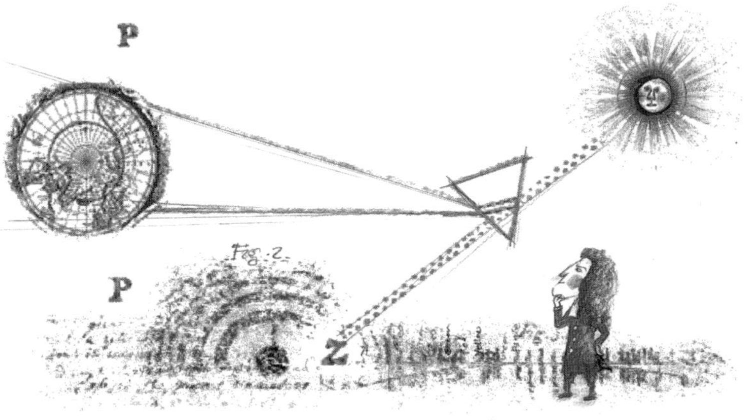

색 이외의 모든 색깔은 판자에 막혀서 통과하지 못하도록 하고 빨간빛만 구멍을 통해 두번째 프리즘을 지나가도록 했다. 빨간빛은 첫번째 프리즘에서와 똑같은 각도만큼 휘어졌으며 여전히 빨간색을 띠었다. 이번에는 파란빛만 두번째 프리즘에 통과시켰더니 빨간빛보다 더 많이 휘었고, 역시 파란색을 띠었다. 이러한 방법으로 그는 빛이 공기 중에서 프리즘을 통과할 때 각각의 색에 따라 다르게 휘어진다는 것을 증명할 수 있었다. 뉴턴은 이렇게 휘는 정도를 측정해 이를 굴절률이라고 불렀고 모든 색은 고유한 굴절률을 가진다고 결론지었다. 뉴턴 자신의 말을 빌리자면 다음과 같다. "긴 상(스펙트럼)이 생기는 진정한 이유는 빛이 서로 굴절되는 정도가 다르고, 그 굴절률에 따라 프리즘의 여러 부분을 통과한다는 것이다."

여기서 뉴턴은 문제의 핵심을 명백하게 표현하고 있다. 그는 여러 가지 색깔을 띤 빛은 이미 백색광 안에 존재하고 있으며 한가지 색,

무지개의 일곱 색깔과 7음계

무지개나 프리즘을 통과한 빛이 빨주노초파남보, 일곱 색깔을 띤다는 것을 모르는 사람은 없을 것이다. 하지만 정말로 무지개에서 일곱 색깔을 선명하게 확인한 적이 있는가? 사실 프리즘으로 분산된 빛을 자세히 관찰해보면, 빨강부터 보라까지 무수히 많은 색깔의 빛들이 그 사이를 채우고 있다는 것을 알 수 있다. 그럼에도 불구하고 왜 우리는 무지개가 일곱 색깔로 이루어져 있다고 말하는 것일까? 누가 처음으로 '일곱 빛깔 무지개'를 생각해낸 것일까?

연속적인 무지개의 색깔을 일곱가지로 처음 분류한 사람은 뉴턴이다. 하지만 뉴턴도 처음에는 무지개의 색깔이 일곱가지가 아니라 다섯가지라고 생각했다. 역사가들에 따르면 뉴턴은 음악의 옥타브에서 아이디어를 얻었다고 한다. 도레미파솔라시, 7개의 음으로 하나의 옥타브가 이루어지는 것처럼 프리즘을 통과한 빛도 빨주노초파남보 일곱 색깔에 대응시킨 것이다.

대학시절 뉴턴은 데까르뜨를 비롯한 몇몇 학자들의 책을 통해서 화성학의 기본적인 내용을 숙지했다. 그는 이것을 빛에까지 확장시켜 음악적 비율이론을 빛과 색깔 연구에 적용시켰다. 그 결과 탄생한 것이 바로 7음계에 대응하는 일곱 빛깔인 것이다. 이렇게 음악과 빛처럼 서로 다른 영역에 속하는 두 현상을 연관지어 공통점을 찾아내는 과학방법을 '유비'라고 하는데, 이것이 뉴턴의 사고의 폭을 넓혀주었고 다방면에 걸친 그의 연구들을 하나로 이어주었다. 덧붙이자면 뉴턴은 화성학에는 조예가 깊었지만 오페라를 보러 가서는 1막이 끝나기도 전에 뛰쳐나올 정도로 음악에는 별 취미가 없었다고 한다.

가령 파란색 광선이 일단 분리되면 여기에 어떤 조작을 가하더라도 계속 파란색을 띤다고 주장한 것이다. 그는 색깔의 폭을 넓히거나 줄여서 연하거나 진하게 만들 수는 있지만 색깔만큼은 바꿀 수 없다고 말했다. 그러므로 색깔은 아리스토텔레스나 데까르뜨가 주장했듯이 백색광이 변형되어 생기는 것이 아니라, 원래 백색광 속에 숨어 있던 색깔을 띤 광선이 굴절률을 달리하면서 나타나는 것이다.

5

후크와의 신경전

앞에서 다룬 반사망원경과 프리즘 실험에서 뉴턴이 추론한 빛과 색깔에 관한 논의는 뉴턴의 1672년 논문에 담겨 있다. 그는 이 논문에서 주로 프리즘 실험을 설명했고, 서두에서는 자신이 1666년 초에 첫번째 프리즘 실험을 했다고 밝혔다. 왕립학회는 뉴턴의 논문이 얼마나 뛰어난지 판단하기 위해 위원회를 구성했다. 후크는 이 위원회의 일원으로 보고서를 작성했는데, 이 보고서에서 뉴턴의 실험을 대단히 높이 평가했지만 뉴턴의 해석에 대해서는 비판적이었다. 이로써 뉴턴의 새로운 이론이 당시 과학자사회에서 인정받기는커녕 오히려 그 때문에 뉴턴 앞에 험난한 길이 놓이게 된 셈이었다.

후크로 말하자면 뉴턴보다 나이가 많았으며 비상한 재능과 과학적 이해력을 가진 일급 실험가였다. 그는 또한 대단히 성격이 급했으며 자신의 발견에 상응할 만한 명성을 얻지 못하고 있다고 생각했다. 뉴턴도 후크 못지않게 성급한 사람이었는데, 성격이 비슷하고 연구분야도 서로 겹쳐서 훗날 두 사람 사이에는 많은 논쟁이 있었다. 이 논쟁은 당시 왕립학회의 서기였으며 후크의 적이었던 올덴버그가 더욱 조장하기까지 했다.

빛의 파동이론을 주장한 호이겐스 역시 뉴턴의 논문에 호의적인 태도를 보이지 않았다. 뉴턴은 1672년 논문에서 빛과 색깔이 어떤 속성을 가졌는지, 측정 가능한 양은 무엇인지를 보여주기 위한 실험을 기술하고 있었다. 그러나 호이겐스는 뉴턴의 문제의식을 제대로 이해하지 못했다. 그는 뉴턴이 빛의 입자이론을 주장한다고 생각했고 그 부분에만 초점을 맞추어 뉴턴을 비판했다. 그러자 뉴턴은 자신이 제안한 이론은 간접적인 방식으로 머릿속에서만 추론된 것이 아니라 직접 실제로 실험을 해보고 얻은 결과라고 주장했다.

1675년 뉴턴은 빛에 대한 두번째 논문을 왕립학회에 보냈다. 이 논문에서 그는 프리즘 실험과 함께 얇은 운모 조각이나 비누거품 같은 얇은 막에서 나타나는 색깔을 설명하는 이론을 제시했다. 후크는 이미 실험을 통해 얇은 막에서 나타나는 색에 관한 설명을 발표했는데, 이 견해는 뉴턴의 설명과 상당한 차이가 있었기 때문에 뉴턴은 또 한번 후크와 부딪쳐야만 했다. 결국 이후 긴 세월에 걸쳐 벌어진 후크와의 논쟁을 피할 수 없었다.

여기서 관심을 잠깐 후크에게로 돌려보자. 후크는 보일의 실험 조수로 있으면서 공기펌프를 만들었다. 또한 복합현미경을 만들었으며 이를 가지고 곤충을 비롯해 다른 작은 물체들을 관찰한 결과를

『마이크로그라피아』라는 제목의 책으로 출판했다. 보일은 후크에게 현미경으로 조가비 안에 있는 진주층의 색깔을 조사해보라고 제안했고, 후크는 쉽게 갈라지는 투명한 광물인 활석을 현미경으로 관찰해 그 원인을 알아내고자 했다. 후크는 여러가지 색깔이 주기적으로 나타나는 현상을 관찰한 후 활석의 두께가 색깔과 관련이 있다는 사실을 알아차렸다. 뿐만 아니라 물기가 없도록 잘 닦은 유리조각 2개를 밀착시키면 활석에서 관찰된 것과 거의 똑같은 방식으로 몇개의 색깔 선이 나타난다는 것을 발견했다. 유리조각 사이에 물을 한 방울 떨어뜨리고 관찰하거나 비누방울을 관찰해도 마찬가지였다.

후크는 이처럼 얇은 판이나 막에서 나타나는 색깔현상을 설명하기 위해서 "빛은 무엇인가"라는 질문에서부터 시작했다. 후크에 의하면 빛은 발광체에서 일어나는 짧은 진동운동이었다. 이러한 진동은 빛나는 물체 주변에 있는 균일한 투명 매질, 즉 에테르를 통해서 파(pulse)의 형태로 퍼져나가며, 파들은 서로 동일한 간격을 유지하면서 일정한 속도로 움직였다. 만약 빛이 임의의 두께를 가진 매질을 통과하게 되면 매질의 첫번째와 두번째 경계면에서 속도가 달라질 것이다. 후크는 빛이 매질의 두번째 경계면에 닿게 되면 매질의 종류에 따라 첫번째 경계면에서보다 다소 빨리 혹은 느리게 이동하고 결과적으로 파는 뒤틀리게 된다고 보았다. 그는 얇은 판이나 막에서 색깔이 나타나는 것은 이처럼 파가 매질의 경계면에 대해서 비스듬하게 기울어져 있기 때문이라고 설명했고, 따라서 색깔이 생성되기 위해서는 파와 매질의 경계면이 일정한 각도로 기울어져 있기만 하면 된다고 생각했다.

뉴턴은 후크의 이러한 해석을 받아들이지 않았다. 우선 뉴턴은 빛을 에테르에서의 파동운동이라고 생각한 후크의 견해를 부정하면서 빛은 입자의 운동이며 만약 빛이 파동운동을 한다면 직진할 수 없을 것이라고 주장했다. 또한 뉴턴은 빛이 매질의 경계면에 어떤 각도로 부딪히는지에 따라서 색깔이 결정된다고 본 후크의 견해를 데까르뜨의 빛의 변형이론과 다를 바 없다고 생각했고, 빛 입자들이 추가되거나 빠져서 다양한 색깔들이 생기는 것이지 빛이 변해서 색깔이 생기는 것은 아니라고 주장했다.

이처럼 후크와 뉴턴은 빛에 관해 기본적인 생각을 달리했지만, 후크는 뉴턴에게 긍정적인 영향을 미치기도 했다. 색깔에 관한 것을 제외하면 뉴턴은 후크의 『마이크로그라피아』를 상당히 신뢰한 것으로 보인다. 얇은 판이나 막에서 나타나는 색깔 고리들이 빛의 주기성을 보여주는 것이라는 점을 알아차리고 파의 주기성 개념을 처음으로 발견한 사람은 후크였다. 처음으로 '뉴턴의 고리' 실험[10]을 했을 때 뉴턴 역시 주기성에 대한 물리적 증거를 인식했고 실제로 고리의 색깔에 따라 다양한 두께를 가지는 파들에 관해 논하기도 했다. 이는 뉴턴이 후크의 견해를 상당히 의식하는 한편 일정부분 받아들이기도 했음을 보여준다.

뉴턴의 1672년 논문은 대부분의 자연철학자들에게서 찬사를 받았지만 반박도 심심찮게 있었다. 후크는 물론이고 왕립학회의 초대 회장이던 로버트 모레이를 비롯해 프랑스 루이 르그랑 칼리지의 교수이자 프랑스 예수회 수도사이던 빠라디가 심하게 반박했으며, 2년이 지난 1674년에도 영국 예수회 사제인 프랜씨스 홀이 공격하기도 했다. 이로써 뉴턴은 계속해서 광학에 관한 논쟁에 휘말리게 되었는데, 1678년 그는 더는 색깔에 관해 자신의 생각을 밝히지 않기로 결심했다. 뉴턴이 계속된 광학 논쟁으로 얼마나 괴로워했는지는 그가 올덴버그에게 보낸 편지에 잘 나타나 있다. "나는 철학의 노예가 되기로 결심했습니다. 그러나 리누스(홀의 라틴어 이름)씨 일에서 벗어나게 된다면 내가 만족하는 일을 제외하고는 영원히 그 일을 하지 않고 후대에게 물려줄 것입니다. 왜냐하면 사람은 새로운 일이 아니면 그만두든지 그것을 변호하는 노예가 되든지 해야 한다고 생각하기 때문입니다." 따라서 뉴턴은 20년도 더 지나 후크가 사망한 다음해인 1704년이 되어서야 자신의 책 『광학』을 출판했다. 20대에 시작한 광학 연구가 60대가 되어서야 그 결실을 맺게 된 것이다.

6

광학과 뉴턴의 창조성

쉽지만은 않은 여정이었던 뉴턴의 광학 연구는 그의 번뜩이는 재능과 더불어 그가 왜 지금까지도 천재적인 과학자로 평가받고 있는지, 그가 가진 창조성의 근원은 무엇인지에 대해 시사하는 바가 크다. 특히 만유인력과 중력이라는 단어로 뉴턴을 기억하는 사람들에게 광학 연구는 젊은 시절 뉴턴의 창의성이 어떻게 발휘되었는지에 관한 좋은 해답을 제시한다.

초등학교나 중학교 때 '하나의 탐구 주제를 정해서 연구해올 것' 이라는 숙제를 받고 당황해본 경험이 있을 것이다. 이 숙제를 하려고 할 때 가장 어려운 점은 무엇이었는가? 충분한 실험장비가 없어서 안타까워한 사람도 있을 테지만, 아마 상당수는 '무엇을 연구할 것인가' 하는 문제에 부딪혀 한걸음도 나아가지 못했을 것이다. 뉴턴의 광학적 창조성은 이 부분부터 시작된다고 할 수 있다. 천재적인 과학자로 이름을 남기려면 문제를 풀어내는 능력만큼이나 풀이가 가능한 문제를 만들어내는 능력 또한 탁월해야 한다. 뉴턴은 바로 이 점에서 창조성을 발휘했다고 할 수 있다.

뉴턴은 '빛은 무엇인가' 라는 당대 학자들의 문제의식을 공유하고 있었지만 그들처럼 빛의 본성에 대한 형이상학적 논의에 빠지기보다는 눈으로 검증할 수 있는 빛의 성질에 주목했다. 따라서 그는 구체적으로 '빛의 색깔' 에 대한 질문부터 시작했다. 프리즘을 통과한 빛이 빨주노초파남보 여러 색으로 나누어지는 것을 관찰한 뉴턴은 색깔 그 자체가 가장 근본적인 존재이고 백색광은 그것의 혼합물인지, 아니면 백색광이 가장 근본적인 것이고 빛의 색깔은 백색광의 변형으로 나타나는 2차적인 성질인지를 고민했다.

빛의 색깔을 묻는 질문은 빛의 본질에 관한 근본적인 문제와 직결된다는 점에서 그것 자체가 광학에서 매우 중요한 문제였다. 또한 뉴턴은 그것에 대해 '본질 대 변형' 이라는 확연하게 대비되는 유형의 질문을 던짐으로써 둘 사이를 판가름할 수 있는 결정적 실험을 가능하게 했다.

그러나 뉴턴의 창조성은 풀이가 가능한 문제를 만든 것만으로 끝나지 않았다. 그는 자신이 상정한 문제를 해결하기 위해 실제로 실험해보고 자신의 눈으로 확인하기 전까지는 어떠한 견해도 받아들이지 않았다. 뉴턴이 광학 연구를 통해 보여준 실험은 보통사람들도 충분히 따라할 수 있을 정도로 간단한 것이었다. 중요한 것은 실험이 얼마나 복잡하고 까다로운지 하는 것이 아니라 문제를 해결하기 위해 어떤 비교군과 대조군을 설정하는지 하는 것이었다.

시간을 돌려서 오늘날의 기준으로 뉴턴을 생각해보자. 그는 실험물리학자인가 이론물리학자인가? 만유인력 연구를 생각한다면 탁월한 이론물리학자의 대열에 넣는 것이 적당할 것 같지만 광학 연구를 보면 실험물리학자에 더 가까워 보이기도 한다. 그러나 뉴턴의 연구를 이론과 실험의 범주로 나누어 생각하는 것은 어리석은 일이다. 많은 사람들이 과학은 머리로만 하는 것이라고 생각하지만 사실 과학은 몸으로도 하는 것이다. 뉴턴만큼 이것을 잘 보여준 사람은 없다고 할 수 있는데, 그는 물리적 직관, 수학적 사고와 같은 '머리'와 그것을 실험으로 정교하게 재현하는 '몸'을 결합해 최대의 성과를 냈다. 특히 실제 실험을 통해서 스콜라철학자들의 사고실험이 갖는 한계를 벗어났다는 점은 뉴턴이 가진 창조성의 중요한 근원이었다.

뉴턴의 이런 문제의식과 창조적 실험은 이전 학자들의 연구를 비판적으로 읽어내는 습관을 통해 길러졌다. 스스로 "내가 멀리 볼 수 있었다면 그것은 거인들의 어깨 위에 있었기 때문"이라고 말할 정도로 뉴턴은 데까르뜨나 후크, 호이겐스 같은 거인들의 공을 인정했다. 만약 뉴턴 앞에 이 거인들이 없었다면 뉴턴의 광학도 존재하지 않았을 것이라고 말해도 큰 과장은 아닐 것이다. 하지만 이들의 존재가 필연적으로 뉴턴의 광학을 이끌어내지 않았다는 것 또한 전혀 과장이 아니다. 뉴턴이 거인들의 어깨 위로 올라갈 수 있었던 것은 바로 그에게 선배 연구자들의 연구를 비판적으로 읽어내는 능력이 있었기에 가능한 것이었다.

뉴턴의 첫 프리즘 실험을 생각해보자. 둥근 구멍으로 들어온 빛을 프리즘으로 통과시키면 둥근 빛이 타원형의 스펙트럼을 만들어낸다. 사실 이 실험은 뉴턴 이전에도 데까르뜨를 비롯해 많은 학자들이 한 것이다. 하지만 뉴턴 이전에는 어느 누구도 둥근 구멍을 통과한 빛이 타원형으로 변한다는 사실에 주의를 기울이지 않았다. 그도 그럴 것이 백색광이 프리즘을 통과하면 여러가지 색깔로 나타나는 현상이 가장 먼저 눈에 띄기 때문이다. 그래서 대개는 흰빛에서 어떻게 다양한 색깔이 나타나게 되는지를 설명하려고 했지, 모양이 어떻게 변하는지와 같은 사소해 보일 수 있는 부분에는 미처 주의를 기울이지 못한 것이다. 데까르뜨를 읽으면서 뉴턴은 프리즘을 통과한 백색광이 왜 여러 색깔로 나타나는지 하는 데까르뜨의 질문에만 끌려다닌 것이 아니라, 이미 공부한 스넬이나 후크, 아리스토텔레스의 생각들과 데까르뜨의 생각을 견주어보면서 둥근 백색광이 프리즘을 통과한 후에도 그 모양을 유지해야 한다는 추론을 이끌어냈다. 물론 실험은 그 반대를 보여주었고 그것이 빛에 대한 새로운 질문들을 이끌어낸 것이다.

뉴턴 창조성의 마지막 측면은 한 문제에 대한 끈질긴 연구와 노력이다. 1662년 케플러의 『광학』을 읽으면서 광학에 대한 관심의 싹을 키우기 시작한 뉴턴은 10년이 지난 1672년에야 빛의 구성에 관한 최초의 공식적인 논문을 발표했다. 또한 3년이 지나서야 빛의 입자이론을 지지하는 두번째 광학 논문을 발표했다. 하지만 그의 광학에 관한 모든 연구성과를 집대성한 『광학』은 거의 30년이 지난 1704년에야 출판되었다. 결국 뉴턴은 평생에 걸쳐 광학 연구를 했다고 해도 과언이 아닐 정도로 오랫동안 한 문제에 대해 자신의 논의를 꾸준히 발전시켜나갔다. 집중력과 끈기, 노력을 몸소 실천한 뉴턴에게 한순간의 영감이나 천재성이라는 말은 그의 창조성을 설명하기에 적절하지 않은 것처럼 보인다.

제4장 사과에서 만유인력까지

Newton

1

사과가 없었다면 만유인력도 없었다?

만유인력은 뉴턴의 사과 일화로 잘 알려져 있다. 1666년 흑사병을 피해 고향에 머물던 뉴턴은 사과나무 아래에서 사색에 잠겨 있었다. 그날의 사색 주제는 달의 운동이었다. 실에 매달려 회전하는 돌은 실 때문에 궤도를 벗어나지 않는다지만, 달은 어떻게 (달과 지구를 묶어주는 실이 없는데도) 지구 주위를 돌 수 있을까? 골똘히 생각하던 그의 머리 위로 갑자기 사과 하나가 떨어졌다. 그 순간 그의 뇌리를 스친 것은 사과를 떨어뜨리는 중력이 달 또한 궤도에서 벗어나지 못하게 묶어둔다는 생각이었다.

이 일화가 사실이라면 우리는 뉴턴의 머리에 떨어져준 사과에게 고마움과 원망을 동시에 표해야 할 것이다. 만유인력이라는 위대한 업적을 가능하게 해준 것은 분명 고맙지만, 그 때문에 우리는 물리학을 공부하면서 골머리를 앓아야 하니 말이다. 한편 뉴턴의 사과는 우리에게 좌절감을 안겨주기도 한다. 만약 우리가 뉴턴이었다면 그 때 그 순간 떨어지는 사과에 머리를 맞았다고 만유인력을 떠올릴 수 있었을까? 아마 우리는 한 트럭분의 사과에 맞는다고 해도 머리만 아플 뿐 만유인력 개념 근처에도 접근하지 못했을 것이다.

사과에 얽힌 뉴턴의 또다른 일화는 노년기에 뉴턴이 스스로 한 이야기로, 앞의 것과는 약간 차이가 난다. 뉴턴의 조카사위인 콘듀이트가 남긴 기록에 따르면, 달의 운동에 대해 고민하던 뉴턴은 정원을 거닐다가 떨어지는 사과를 보고(사과에 맞은 것이 아니다!) 만유인력 개념을 생각해냈다고 한다. 어쨌든 이 유명한 일화는 만유인력 개념을 쉽고 친숙하게 만들지만, 동시에 과학적 발견이 우연과 순간적 깨달음의 결합으로 이루어진다는 오해를 낳기도 한다. 또한 발견이 그런 식으로 일어나는 만큼, 우리 같은 보통사람에게는 거의 일어나지 않는 일인 것처럼 보인다. 그런 행운은 뉴턴 같은 천재의 몫이라고 믿게 되는 것이다. 따라서 이런 일화는 과학적 발견이 실제로 어떤 과정을 통해 이루어졌으며, 과학자의 창조성은 어디에서 연유한 것인지와 같은 문제에 관심을 둘 여지를 남기지 않는다. 한마디로 천재는 만들어지는 것이 아니라 타고나는 것이라는 인상을 심어주는 것이다.

뉴턴의 사과 일화가 묘사하는 바와는 달리 과학적 발견이 이루어지는 과정은 상당히 복잡하고 시간도 오래 걸리며, 무엇보다 과학자의 끈질긴 집념과 노력이 필요한 경우가 많다. 만유인력도 사과에서 아이디어를 얻어 발표하기까지 20년 이상의 긴 세월이 걸렸다. 그 동안 처음에 얻은 아이디어는 정교하고 세련되게 바뀌었다. 그렇다면 그 긴 세월 동안 뉴턴의 만유인력 개념은 어떤 아이디어에서 시작해 어떻게 변해갔으며, 무엇이 뉴턴의 생각을 바꾸었을까? 만유인력을 생각해낸 뉴턴의 독창성과 창조성은 어디에서 연유한 것일까? 이 궁금증을 해결하기 전에 먼저 뉴턴 이전의 과학자들이 중력과 행성의 운동을 어떻게 이해하고 있었는지 살펴보도록 하자.

2

뉴턴 이전의 연구들

옛날 사람들은 달이 지구 주위를 도는 것을 어떻게 이해했을까? 또 사과는 왜 땅으로 떨어진다고 생각했을까? 아리스토텔레스에 따르면 달이 회전하는 것과 사과가 떨어지는 것은 각각 천상계와 지상계에 속하는 현상으로 그 설명방식 또한 엄연히 달랐다.

중세를 지배한 아리스토텔레스주의 자연철학에 따르면 하늘의 천상계에는 달 · 수성 · 금성 · 태양 · 화성 · 목성 · 토성 · 항성이 차례로 들어서 있다. 이곳은 지상에는 없는 에테르라는 물질로 만들어져서 흠 하나 없으며 행성이 운동할 때면 마찰도 작용하지 않는다. 완전무결과 완벽을 상징하는 이 세계에서 행성들은 일정한 속력으로 원을 그리며 움직인다. 이에 비해 지상계는 끊임없이 변화가 일어나는 불완전한 세계다. 날아가던 돌은 곧 정지하고, 사과는 사과나무에 영원히 매달려 있지 못한 채 땅으로 떨어진다.

아리스토텔레스 자연철학에서 지상계의 운동은 외부에서 힘이 작용하는지 아닌지에 따라 '강제적인 운동'과 '자연스러운 운동'으로 구분되었다. 그중 사과가 땅에 떨어지는 것 같은 낙하운동은 자연스러운 운동에 해당한다. 지상계를 구성하는 흙 · 물 · 공기 · 불의 4원소에는 본연의 위치로 돌아가려는 경향이 있어서 흙은 항상 그 고향인 땅으로 향하고 불은 항상 하늘로 올라가며 물은 흙과 공기의 중간 위치로 돌아가려는 경향이 있다. 따라서 돌을 공기 중에 놓으면 그 돌은 본연의 위치인 땅으로 돌아가려는 경향 때문에 아래로 낙하하는 것이다.

과학혁명을 거치면서 아리스토텔레스주의 자연철학에서 나타나는 천상계-지상계의 엄격한 구분과 세부적인 설명에는 상당부분 수정이 가해졌다. 이런 의미에서 과학혁명은 아리스토텔레스주의 자연관에 거대한 변혁을 일으킨 사건이라고 말할 수 있다. 만유인력의 기원을 이해하기 위해서는 그런 변혁을 시도한 과학혁명기의 여러 인물 중 케플러와 데까르뜨에 주목할 필요가 있다.

케플러는 완벽한 원운동의 세계로 그려진 천상계의 신화를 깨는 데 결정적인 역할을 담당했다. 그는 티코 브라헤[1]의 조수로서 천문학자의 경력을 시작했다. 티코 브라헤는 덴마크 왕의 후원을 받아

'하늘의 성' 이라는 천문대를 세워서 천체를 관측했다. 그곳에 수학자로 고용된 케플러는 브라헤가 죽은 뒤 남긴 관측자료를 이용해 행성의 운동에서 드러나는 규칙성을 찾으려고 했다. 처음에는 완벽한 천상계라는 전통적인 생각에 사로잡혀 등속원운동하는 행성 모형을 도입했으나 번번이 관측자료와 들어맞지 않았다. 몇번에 걸친 실패 후 마침내 조화,[2] 수학적 단순성에 대한 신비주의적 믿음이 덧붙여지면서 케플러는 오랫동안 고수한 등속원운동을 버리고 행성의 운동을 타원에서 찾았다.

케플러의 법칙 덕분에 행성의 운동이 어떤 모습으로 나타나는지는 현상 수준에서 어느정도 설명되었다. 그러나 그후 몇십년 동안 어떤 물리적 원인이 행성의 운동을 일으키는지에 대해서는 만족스러운 인과적 설명이 제시되지 않았다. 케플러는 태양이 발산하는 자기(magnetism)와 같은 신비적인 원인을 들어서 행성의 운동을 설명해보려고 했지만 큰 호응을 얻지는 못했다. 만유인력에 관한 뉴턴의 연구는 바로 이 지점에서 시작된다고 할 수 있다.

케플러가 천상계에 대한 새로운 안목을 제시했다면, 지상계의 물리학을 새로운 모습으로 변모시킨 것은 데까르뜨였다. 기계적 철학의 대가인 데까르뜨는 자연을 생명이 없는 거대한 기계로 여겼다. 그는 자체적으로 생명을 지니지 못하는 불활성(不活性) 물질과 그 물질이 겪는 운동으로 모든 자연현상이 일어난다고 생각했다.[3] 심지어 우리가 느끼는 감각도 작은 입자들이 우리의 감각기관에 충돌해서 압력을 전달하기 때문에 생긴다고 설명했다. 이렇게 자연계의

케플러의 법칙

『신천문학』에서 발표된 '타원궤도의 법칙' '면적속도 일정의 법칙'과 『우주의 신비』에서 발표된 '조화의 법칙'은 오늘날까지 케플러의 3대법칙으로 알려져 있다.

타원궤도의 법칙에 따르면 행성들은 태양을 중심으로 타원궤도를 따라 움직인다. 이를 통해 중세 내내 유지된 원운동에 대한 집착에 종지부를 찍게 되었다.

제2법칙인 면적속도 일정의 법칙에 따르면, 동일한 시간 동안 행성이 이동한 궤도와 태양을 연결하는 부채꼴 비슷한 모양의 면적은 어느 부분에서나 동일하다. 이것은 태양에 가까운 지점에서는 행성이 빠른 속도로 움직이고, 반대로 태양에서 먼 지점에서는 느린 속도로 움직이는 것을 의미한다. 이로써 행성이 태양 주위를 등속으로 돈다는, 2천년 넘게 유지되어온 관념 역시 깨지게 되었다.

세번째 조화의 법칙은 행성의 궤도반지름과 공전주기 사이의 관계를 나타내는 것으로, 궤도반지름^3 : 주기^{2}의 비가 어느 행성에서나 일정하게 나타난다는 점을 지적했다. 이 법칙으로 서로 다른 궤도와 주기로 움직이는 다양한 행성들이 단일한 원리로 설명되었다.

모든 현상은 물질이 서로 충돌해서 생기므로 충돌은 기계적 철학에 필수요소였다.

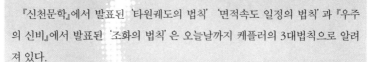

데까르뜨는 원운동에 새로운 의미를 부여했다. 데까르뜨의 기계적 철학은 우주가 눈에 보이지 않는 입자(물질)로 꽉 차 있다고 가

정했는데(데까르뜨의 자연철학에 진공은 존재하지 않는다), 원운동이 새로운 의미를 얻게 된 것은 이 입자들의 충돌과 관련이 있었다. 한 입자가 근접한 입자에 충돌하면 그 입자는 다시 주변의 입자에 충돌하고, 이것이 또다른 입자에 충돌하는 식의 연쇄적인 과정을 거치다보면 결국 충돌의 효과는 돌고 돌아 제일 처음 충돌을 시작한 입자에까지 이르게 된다. 이것을 쭉 연결해놓는다면 충돌의 연쇄는 하나의 닫힌 회로를 구성해야만 했다. 그렇지 않으면 우주의 어딘가에 진공이 생긴다. 이렇게 데까르뜨의 자연철학에서 원운동은 기하학적 형태로서 원의 의미가 아니라 닫힌 회로를 구성하는 순환의 측면에서 새로운 중요성을 띠게 되었다.

중력을 설명할 때 데까르뜨식의 원운동은 중요한 역할을 했다. 데까르뜨에 따르면 중력은 원운동을 하는 입자들의 원심적 경향의 차이에서 발생한다. 지구 주위를 둘러싸고 있는 입자들은 연쇄적인 충돌 때문에 큰 소용돌이운동을 하고 있다. 소용돌이원운동을 하는 입자들에는 원운동의 바깥쪽으로 향하는 원심력이 작용하므로 입자들은 바깥쪽으로 향해 떨어지게 된다. 그러나 입자마다 이 힘의 크기가 달라서 어떤 입자는 다른 입자에 비해 더 큰 힘을 받고 어떤 입자는 더 작은 힘을 받는다면, 작은 힘이 작용하는 입자는 상대적으로 안쪽으로 떨어지게 될 것이다. 이렇게 상대적으로 원심적인 경향이 작은 물체가 지구 쪽으로 떨어지는 것이 바로 중력이다. 데까르뜨의 뒤를 이어 호이겐스는 원심적 경향을 수학적으로 자세히 분석해서 질량이 m이고 속도가 v인 물체가 반지름 r의 원운동을 할 경우 그 물체에 작용하는 원심력의 크기는 $\frac{mv^2}{r}$ 에 해당한다는 결론을 이끌어내기도 했다. 데까르뜨의 기계적 철학에서 중력은 물체와 물체가 잡아당기는 힘이 아니라 물체의 운동이 낳은 결과였다. 따라서 기계적 세계관에서는 진공을 통해 작용하는 인력이라는 개념은 생각할 수 없는 것이었다.

3
만유인력, 무엇이 새로운가

이제 뉴턴의 만유인력 개념이 이전의 개념들과 어떻게 다르며 왜 중요한지를 살펴보도록 하자. 만유인력은 질량을 지닌 두 물체 사이라면 어디에나 작용하는 힘으로, 두 물체가 같은 크기로 서로 끌어당기는 인력을 가리킨다. 두 물체의 질량이 각각 m_1, m_2이고 두 물체 사이의 거리가 r이라면 그때 두 물체 사이에 작용하는 만유인력의 크기 F는 다음과 같다.

$$F = G\frac{m_1 m_2}{r^2} \quad (G\text{: 중력상수})$$

뉴턴의 만유인력은 여러면에서 이전에 중력을 설명할 목적으로 도입된 개념들과 다른 점이 있었다. 우선 정량적인 면에서 만유인력은 두 물체 사이 거리의 제곱에 반비례하는 특징을 보였다. 중력에 대한 기존의 설명에서 정량적인 고찰이 대개 생략되어 있었던 것과 비교하면 크기를 생각한 뉴턴의 접근은 매우 새로운 것이었다. 둘째, 뉴턴 이전에는 한 물체에 작용하는 하나의 힘만 고려했다면, 뉴턴의 만유인력은 항상 두 물체 사이에 작용하는 힘을 다루었다. 셋째, 만유인력은 천상계와 지상계라는 엄격한 구분을 타파하고 천상계 행성의 운동과 지상계 사과의 운동을 단일한 개념으로 설명했다. 이런 의미에서 만유인력은 천상계의 물리학과 지상계의 물리학을 통합하는 개념이라고 평가할 수 있다. 넷째, 만유인력은 힘이 전달되는 방식에서 데까르뜨의 기계적 철학과는 확연한 차이를 드러냈다. 데까르뜨의 기계적 철학에서 힘은 오직 물체들의 직접적인 충돌을 통해 나타나는 결과였다. 반면 만유인력은 두 물체가 떨어져 있는 상태에서 작용하고, 물체에 가속을 유발하는 운동의 원인이었다. 요컨대 만유인력은 모든 물체 사이에 작용하는 인력 개념을 도입하고 그것의 수학적 크기와 특성을 제시해줌으로써 천상계의 물리학과 지상계의 물리학을 단일한 기반에서 설명할 수 있는 도구를 가져다준 것이다.

그렇다면 이렇게 독창적인 아이디어는 과연 어디에서 연유한 것일까? 사과 일화에서 나타난 것처럼 한순간 뉴턴의 머릿속에 섬광처럼 반짝인 것일까? 이 궁금증을 푸는 데 다행인 것은 만유인력 개념이 형성되던 시기에 씌어진 뉴턴의 노트 대부분이 그대로 남아 현재까지 보존되고 있다는 점이다. 뉴턴은 방대한 분량의 연구 노트를 남긴 것으로 유명하다. 뉴턴의 노트에는 그가 언제 어떤 책을 읽고 무엇을 눈여겨보았는지, 어떤 생각을 했는지 등이 소상히 드러나 있다. 심지어는 어머니의 임대차 계약서 뒷면에 긁적인 계산까지 남아 있어서 다른 과학자들에 비해 뉴턴의 연구과정과 개념이 발전해가는 과정은 비교적 상세히 알려져 있다. 이러한 노트와 뉴턴이 남긴 편지, 자신과 주변 사람들의 회고담 등을 참고하면 우리는 뉴턴의 만유인력이 크게 세 단계를 거쳐서 20년이 넘는 시간 동안 발전된 개념이라는 것을 알 수 있다.

우선 첫번째 단계는 흔히 기적의 해라고 불리는 1665~66년에 이루어진 것으로, 이 단계에서 행성에 작용하는 힘이 거리의 제곱에 반비례한다는 양적인 개념이 등장한다. 두번째는 그로부터 10여년이 지난 1679~80년으로, 후크가 보낸 편지에 자극받아서 힘의 방향, 즉 구심력의 개념을 형성하는 단계이다. 세번째는 1684~87년으로, 천문학자 핼리의 청으로 거리의 제곱에 반비례하는 힘이 작용할 때 행성의 운동궤적이 타원이 된다는 것을 증명한 것이 계기가 되어 『프린키피아』를 쓰면서 만유인력 개념을 완성한 단계이다. 이제 각 단계별로 뉴턴의 개념이 형성되는 과정을 살펴보고 뉴턴의 사고에 영향을 미친 요인들을 찾아보자.

4

역제곱 아이디어의 등장

앞에서 본 것처럼 케임브리지대학 학생시절 뉴턴은 데까르뜨에 심취해 있었다. 뉴턴은 당시 수학의 입문서인 유클리드의 『기하학원론』[4]을 읽지도 않고 곧장 최신 수학이론이던 해석기하학을 다룬 데까르뜨의 『기하학』[5]에 뛰어들었고, 그의 기계적 철학을 자세히 공부했다. 그 영향으로 뉴턴은 기계적 철학에서 중요하게 여기는 원운동에 흥미를 느꼈다. 특히 원운동하는 물체가 원의 중심에서 멀어지려고 하는 원심적 경향의 크기에 관심을 두었다. 원의 내부에 접해서 움직이는 공이 있다면 그 공의 원심적 경향으로 원이 받는 힘은 얼마나 될까? 훗날 회고에 따르면 뉴턴은 당시에 이미 원심적 경향, 즉 원심력과 케플러의 제3법칙을 결합해 행성을 움직이는 힘이 태양과 거리의 제곱에 반비례한다는 결론을 얻어냈다고 한다. 이것은 뉴턴이 만유인력의 정량적인 관계를 이미 1660년대에 얻어냈다는 것을 의미한다. 그렇다면 기적의 해에 뉴턴은 정말 만유인력 발견이라는 기적 같은 일을 해낸 것일까?

뉴턴의 노트를 자세히 살펴보면 기적의 해에 뉴턴이 알아낸 것에

'만유인력' 이라는 이름을 붙이는 것은 아직 이르다는 것을 알 수 있다. 뉴턴의 회고대로 뉴턴이 역제곱 개념을 알아낸 것이 사실이라고 하더라도, 무엇보다 당시 뉴턴의 사고로는 그것이 힘이라고 생각조차 하지 않았고, 당연히 인력이나 힘의 방향 같은 만유인력의 기본적인 특징들도 존재하지 않았다. 일상적으로 보더라도 원운동을 하는 물체의 원심적 경향은 구심적 경향보다 훨씬 쉽게 감지할 수 있다. 예를 들어 실에 돌을 매달아서 회전시킨다고 생각해보자. 이 경우 실을 잡고 있는 손에는 돌이 자꾸 벗어나려고 하는 힘, 즉 돌의 원심적 경향이 느껴진다. 물론 실이 빠져나가는 것을 막으려면 우리는 실을 꽉 잡아당겨야 하고 이를 통해 실은 돌을 원의 중심으로 잡아당기지만 이런 구심적 경향은 쉽게 감지되지 않는다. 데까르뜨를 비롯한 기계적 철학자들도 바로 이런 경험에 근거해 원운동의 원심적인 경향에 주목했고, 이에 영향을 받은 뉴턴도 1665~66년에는 원심적 경향에 초점을 맞추어 연구했다. 따라서 이 시기 뉴턴이 거리의 제곱에 반비례하는 힘을 유도했다고 해도 그는 그 생각을 만유인력의 개념으로 더 발전시키지는 못했다.

그렇다면 1665~66년에 만유인력을 발견했다는 뉴턴의 회고는 어떻게 된 것일까? 이에 대한 확실한 이유를 찾기는 힘들지만 몇가지 상황을 짐작하는 것은 가능하다. 우선 만유인력 개념의 표절 시비를 피하려는 의도적인 거짓말일 가능성이 있다. '거리의 제곱에 반비례하는 힘' 이라는 아이디어는 뉴턴만 가지고 있던 생각이 아니었다. 1684년 초에 이르면 핼리, 후크를 비롯한 영국 학자들 사이에서 이 힘에 대한 생각을 발견하는 것은 그리 어려운 일이 아니다. 그러나 그런 아이디어를 가지고 있다고 해도 이 힘을 사용해서 행성의 타원운동을 증명하는 것은 쉬운 일이 아니었다. 이 아이디어를 접한 학자 중 오직 후크만이 타원궤도를 증명했다고 주장했지만, 그의 증명은 출판되거나 공개되지 않았다. 훗날 뉴턴이 『프린키피아』에서 이 문제를 증명했을 때 후크는 "뉴턴이 내 아이디어를 훔쳐갔어!"라며 뉴턴을 표절자로 몰아붙였다. 아마도 뉴턴이 자신의 아이디어를 1687년보다 훨씬 이전인 1665~66년에 나온 것으로 회고한 데는 이런 표절 의혹을 피하려던 의도가 있을 수 있다.

그러나 그보다 더 설득력 있는 이유는 일반적으로 회고담이 가진 특성에서 찾아야 할 것이다. 흔히 몇십년 전에 있었던 일들을 되짚어보는 일은 현재의 상황이나 처지에 따라 무의식중에 윤색되기 쉽다. 따라서 50년도 더 지난 뒤에 나온 뉴턴의 회고는 기적의 해에 일어난 일만을 회고한 것이 아니라, 이후 20년이 넘는 시간 동안 뉴턴이 들인 노력을 모두 담고 있는 것으로 이해하는 것이 적당할 것이다. 이런 점을 염두에 둘 때 우리는 뉴턴이 기적의 해에 해낸 일이 지금까지 생각한 것만큼 기적적인 것은 아니라는 결론에 도달할 수 있다. 그때 뉴턴이 한 일은 이후 20년 동안 그가 많은 노력으로 이룩해낸 성과의 시작인 것이다.

5

만유인력 개념의 성숙

전화도 인터넷도 없던 시대에 과학자들은 다른 과학자가 무엇을 연구하는지, 특정 문제에 대한 다른 과학자의 생각은 어떤지를 어떻게 알았을까? 그리고 자신이 하고 있는 연구에 대해 조언을 구하고 싶을 때 어떤 방법을 사용했을까? 짐작하겠지만 그 시절 과학자들은 대부분 편지를 통해 정보를 교환하고 의견을 나누었다. 그 편지 덕분에 우리는 그때 그들이 어떤 생각을 했는지 엿볼 수 있다.

1666년 이후 뉴턴은 중력과 역학에 대해서는 오랫동안 거의 아무런 연구도 하지 않고 지냈다. 1670년대에 그가 관심을 가진 분야는 광학 · 수학 · 연금술 같은 것이었다. 그러던 뉴턴에게 1679년 11월 24일 왕립학회의 간사이던 후크가 편지 한 통을 보냈다. 편지에서 후크는 둘 다 흥미를 가진 주제에 대해 정보를 교환하는 것이 어떻겠느냐고 의견을 타진했다. 둘은 몇년 전 색깔이론 논쟁으로 서먹해진 사이였다. 하지만 후크가 보낸 편지에는 뉴턴의 눈이 번쩍 뜨일 만한 내용이 담겨 있었다. 후크는 편지에 자신의 가설을 하나 적어 보내면서 이에 대한 뉴턴의 조언을 구했는데, 바로 그 가설이 만유인력 개념을 새로운 차원으로 끌어올리는 데 중요한 역할을 한 것이다.

후크는 곡선으로 움직이는 물체의 운동을 분석하는 문제를 다루고 있었다. 그는 곡선운동을 접선방향, 즉 관성에 따라 운동하는 직선방향의 성분과 중심 물체 쪽으로 끌리는 성분으로 분해하는 방법을 제안했다. 이에 덧붙여 중심 물체 쪽으로 향하는 힘이 물체 사이 거리의 제곱에 반비례할 것이라고 제안했다. 그러나 뉴턴만큼의 수학적 재능을 지니지 못한 후크에게 이것은 아이디어—자신은 가설이라고 표현했지만—수준에 머물렀고, 후크는 이 가설에서 도출될 동역학적인 결론은 알아채지 못했다.

4일 후 뉴턴은 후크의 제안을 정중히 거절하는 답장을 보냈다. 그렇지만 답장에서 후크의 원운동 분석에 대해 몇가지 의견을 개진했는데, 여기에서 뉴턴은 곡선운동을 직선으로 등속운동하는 관성 성분과 중심을 향하는 성분이 합성된 것으로 보는 가설이 새로운 것임을 인정했다. 뉴턴은 "(내가 기억하기에) 행성의 운동을 태양을 향하는 인력과 궤도에 접하는 직선운동으로 결합한다는 당신의 가설은 별로 들어본 적이 없는 것이군요"라며 후크의 가설이 참신함을 인정했다. 이렇게 2개의 성분으로 곡선운동을 분해하는 것은 원운동에 작용하는 힘의 방향을 그때까지와 정반대로 생각하는 것을 가능하게 했다. 즉 1666년은 물론 후크의 편지를 받기 전까지 뉴턴은 원운동하는 물체가 중심에서 멀어지려는 경향에 초점을 맞추어 원운동을 생각했으나, 후크의 제안을 통해 원의 중심을 향해 작용하는 힘으로 문제의 초점을 옮기게 된 것이다.

후크의 제안은 그 정도에서 그친 것이 아니었다. 중심에서 벗어나려는 힘을 생각할 때 원운동의 중심에 어떤 물체가 있는지는 중요한 문제가 아니었다. 그것이 무엇이든 원운동하는 물체에 작용하는 원심적인 경향에는 영향을 미치지 않는 것으로 보였기 때문이다. 그러나 이렇게 힘의 방향이 변하면서 회전하는 물체와 함께 그 물체를 잡아당기는 중심 물체가 중요하게 부각되었다. 결국 뉴턴은 후크의 가설을 통해 원운동을 분석하는 새로운 방법을 얻을 수 있었고 원운동을 일으키는 힘으로서 원심력이 아닌 구심력의 중요성을 인식하게 되었다.

1687년 『프린키피아』가 출판되자 후크는 뉴턴의 만유인력 개념이 역제곱법칙에 관한 자신의 생각을 도용한 것이라고 주장했다. 1670년대의 광학 연구에 이어 다시 한번 뉴턴은 후크와의 논쟁에 말려들게 된 것이다. 이 논쟁을 연구하는 뉴턴 연구자들은 후크의 주장을 액면 그대로 받아들이기는 어렵다는 점에 동의하고 있다. 기적의 해에 뉴턴은 완성된 형태는 아니더라도 역제곱법칙의 아이디어에 접근해 있었다는 것을 그의 연구 노트에서 확인할 수 있기 때문이다. 그렇다고는 해도 뉴턴이 후크에게 빚진 것이 전혀 없다고는 할 수 없다. 위에서 본 것처럼 구심력의 중요성에 관심을 두도록 자극했다는 점에서, 그리고 잠들어 있던 만유인력 아이디어를 깨웠다는 점에서 후크는 충분히 인정받을 만한 자격이 있다.

6

만유인력 개념의 완성, 『프린키피아』

핼리혜성을 발견한 것으로 유명한 에드먼드 핼리가 1684년 8월 케임브리지대학의 루카스 석좌교수로 있던 뉴턴을 찾아왔다. 그는 거리의 제곱에 반비례하는 힘을 받는 물체가 어떤 운동을 하는지 뉴턴에게 물었다. 이 문제는 그해 1월부터 왕립학회에서 여러 사람이 고민하던 어려운 문제였다. 뉴턴은 조금의 머뭇거림도 없이 타원궤도라고 대답했다. 깜짝 놀란 핼리는 어떻게 확신할 수 있느냐고 물었다. 뉴턴은 간단히 "이미 계산해본 적이 있으니까요"라고 말하면서 계산이 적힌 종이를 찾으려고 했으나 찾을 수 없었다. 핼리는 뉴턴에게 다시 한번 계산해줄 것을 부탁하면서 그것을 소논문으로 작성해 왕립학회에 발표할 것을 권유했다. 이렇게 핼리의 권유로 시작해 몇개의 논문에서 3권의 책으로 발전한 것이 바로 뉴턴의 역작으로 평가받는 『프린키피아』이다.

1687년에 출판된 『프린키피아』는 총 3권으로 구성되어 있었다. 1권에서는 역학의 기본적인 개념인 질량의 정의부터 시작해 마찰이 없는 이상적인 상태에서 일어나는 물체의 운동을 '관성의 법칙' '운동의 법칙' (F=ma) '작용 · 반작용의 법칙' 이라는 세가지 운동법칙으로 설명했다. 관성의 법칙이 힘이 작용하지 않는 상태에 놓인 물체의 운동상태에 대해 기술하고 있다면 F=ma로 표시되는 운동의 법칙은 외부에서 물체에 힘이 작용하는 경우 나타나는 물체의 운동변화를 나타낸다. 제3법칙인 작용 · 반작용의 법칙은 힘이 작용하는 방식을 정의하는 법칙으로, 이 법칙의 이면에는 힘은 한 쌍으로 작용한다는 생각이 포함되어 있다. 2권에서는 데까르뜨의 소용돌이이론을 비판하고, 마찰이 있는 공기와 같은 유체 내에서 움직이는 물체의 운동을 다루었다. 본격적으로 만유인력이 도입되고 이를 바탕으로 천체의 운동이 논의된 것은 바로 3권이었다. 여기서 뉴턴은 만유인력 개념을 공식적으로 표명하고 만유인력이 구심력으로 작용하는 천체는 케플러의 세가지 행성운행법칙을 따른다는 것을 증명하고 달의 운동, 세차운동, 조수 등을 분석했다.

『프린키피아』에 실린 만유인력 개념 중 주목할 만한 것은 만유인력이 질량을 지닌 '두 물체 사이에' 작용하는 힘이라는 인식이다. 여기에는 구심력에 대한 관심과 함께 작용 · 반작용의 법칙이 크게 영향을 미쳤을 것으로 짐작된다. 이 법칙에 따르면, 물체 A가 물체 B에 작용을 하면 역으로 물체 B도 물체 A에 크기는 같지만 방향이 반대인 반작용을 가하게 된다. 이것을 원운동에 적용하면 원운동의 중심에 위치한 물체가 원운동하고 있는 물체에 구심력이라는 작용을 가하면 역으로 원운동하는 물체는 원운동의 중심 물체에 크기는 같고 방향이 반대인 반작용을 가해야 한다. 결국 뉴턴은 작용 · 반작용의 법칙으로 만유인력을 두 물체 사이에 작용하는 힘으로 인식하게 되었는데, 이는 뉴턴 이전까지 힘을 한 물체에 해당하는 하나의 작용으로만 보던 전통적인 사고에 비하면 큰 변화가 아닐 수 없었다. 지구가 사과를 잡아당긴다면 반대로 사과도 지구를 잡아당긴다는 생각은 지구와 달 사이에도 똑같이 적용될 수 있었다. 이렇게 달과 사과에 동일한 지구의 인력이 작용한다는 생각이 바로 지상계의 중력을 천상계의 행성운동과 동등한 차원에서 다룰 수 있게 해준 것이다.

또한 쌍방의 힘에 대한 인식은 행성의 운동에 대해서도 케플러를 뛰어넘을 수 있는 여지를 남겨주었다. 케플러의 법칙에서 태양은 마치 타원의 고정된 초점인 것으로 취급되었다. 그러나 태양과 지구 사이에 서로 잡아당기는 만유인력이 작용한다면 그 인력으로 지구가 움직이는 것처럼 태양도 움직여야 마땅했다. 여기까지 생각이 미친 뉴턴은 고정된 태양 주위를 지구가 회전하는 것이 아니라 태양과 지구의 질량 중심을 초점으로 태양과 지구가 함께 회전한다는 결론에 도달할 수 있었다.

요컨대 뉴턴의 만유인력은 1660년대 중엽에 그 아이디어가 잉태되었다고 할 수 있다. 그러나 1687년 『프린키피아』에 나타난 성숙한 만유인력 개념에 도달하기까지 초기의 아이디어는 변화에 변화를 거듭했다. 따라서 1666년에 얻은 아이디어와 1687년에 하나의 완결된 개념으로 등장한 만유인력 사이의 차이와, 그 차이를 낳은 20년 동안의 연구과정들을 살펴보면 우리는 만유인력의 독창성을 뉴턴의 순간적인 영감에만 돌릴 수 없다는 것을 알 수 있다. 그렇다면 이제 우리는 다음과 같은 질문을 던져야 할 것이다. 도대체 뉴턴의 어떤 면이 그런 독창적인 업적을 가능하게 한 것일까?

7

만유인력과 뉴턴의 창조성

세상을 바꾼 뉴턴의 업적들이 보여주는 창조성과 그것의 뿌리를 가장 잘 알려주는 것은 그의 연구 노트이다. 뉴턴은 어려서부터 아주 사소한 것까지 정리하는 습관을 지니고 있었고 또한 그렇게 정리한 노트들을 버리지 않고 모아두는 편집광적인 습관도 지니고 있었다. 덕분에 뉴턴을 연구하는 학자들은 그 노트를 기초로 그의 생각의 궤적을 쫓고 있다.

뉴턴은 케임브리지대학 학생시절부터 읽은 책들의 내용을 노트에 적어나갔다. 만유인력 개념의 형성과 관련해 중요한 대목은 역시 데까르뜨를 공부하면서 작성한 부분이다. 그것을 통해 뉴턴이 데까르뜨를 아주 철저하게 흡수하고 그에 바탕해서 자신의 생각을 발전시켜나간 모습을 발견할 수 있다. 뉴턴의 노트 습관은 우선 '달의 운동' '빛의 성질' '운동에 대하여' 와 같이 큰 제목을 정하고 이를 다시 몇개의 소제목으로 분류한 뒤 각 제목 밑에 독서에서 얻은 내용들을 정리하는 식이었다.

뉴턴의 독창성은 바로 이 정리방식에서 잘 드러난다. 뉴턴은 독서한 내용을 그저 요약하는 것에 머무르지 않았다. 읽은 내용을 요약하고, 더 나아가 그것이 사실일 때 논리적으로 도출되는 결과들을 기록했으며, 그것을 실제 일어나는 자연현상과 비교해 맞는지 틀린지를 확인했다. 또는 읽은 내용에서 논리적으로 도출되는 결과를 검증할 수 있는 실험 상황을 설정하기도 했다.

뉴턴은 데까르뜨가 지구를 둘러싼 눈에 보이지 않는 입자들의 소용돌이운동으로 밀물과 썰물을 설명한 것을 접한 뒤에, 보일의 책에서 밀물과 썰물이 소용돌이의 압력 때문에 일어나는 것이라면 이 효과가 기압계를 통해서 검출되어야 할 것이라는 주장을 발견했다. 이것을 읽은 뉴턴은 보일의 주장에서 도출되는 결과들을 검증할 수 있는 방법들을 적어놓았다.

> 태양으로부터 미치는 압력에 의해 해수면이 낮에는 올라가지 않는지, 밤에는 내려가는지를 관찰하라. 또한 지구나 그것의 소용돌이가 공전운동중에 압력을 받는지 등을 알아보기 위해 해수면이 아침에 더 높은지 저녁에 더 높은지를 알아보라.

이러한 습관은 뉴턴의 관찰력을 더욱 예민하게 만들어주었다. 같은 것을 보더라도 그는 거기에 나타나는 특징들을 더 예리하게 가려낼 수 있었다.

뉴턴의 노트 정리는 기존의 지식을 비판적으로 평가하는 모습을 보여주고 있다. 책을 읽으면서 비판적으로 평가하라는 말은 자주 들어보았을 것이다. 읽은 내용에 대해 비판을 하려면 우선 읽은 내용을 잘 이해하고 있어야 한다는 말도 당연하게 들릴 것이다. 하지만 우리 자신을 돌이켜보자. 학교 공부를 할 때, 인터넷에 올려진 글을 읽을 때 얼마나 이해하면서 읽고 있는가? 혹시 이런 질문조차 던진 적이 없지는 않은가? 책을 읽을 때 그 안에 담긴 내용을 읽는 것이 아니라 글자를 읽고 있는 것은 아닌가? 혹시 이 책조차도 글자 읽기에 바빠서 지금까지 읽은 내용들이 어떤 것이었는지, 각 장들이 어떤 관계로 연결되어 있으며 그것들이 주장하는 바는 무엇인지 알지도 못한 채 책장 넘기기에 바쁜 것은 아닌가?

주의할 것은 책의 내용을 기억하는 것과 그 내용을 이해하는 것은 다른 차원에 속한다는 것이다. 수학 공식을 기억하는 것과 이해하는 것이 다르다는 점에 대해서는 쉽게 납득이 갈 것이다. 기억, 다시 말해 암기하고 있으면 교과서의 문제는 잘 풀 수 있지만 거기서 조금만 어려워져도 그 기억이 더는 도움이 되지 않는다. 하지만 공식의 의미를 이해하고 있다면 어려운 응용문제가 나와도 크게 당황할 필요가 없다.

뉴턴은 기존의 지식을 습득할 때 그것을 기억하는 일에 머무르지 않았다. 그것을 깊이 이해할 때까지 읽고 또 읽었다. 데까르뜨의 해석기하학 공부를 하던 때의 일화는 이 점을 잘 보여준다. 당시 수학을 처음 시작하는 사람이라면 누구나 유클리드의 『기하학원론』이나 이것을 쉽게 풀어놓은 교과서식의 책을 보았다. 이에 비해 데까르뜨의 해석기하학은 당시로서는 최신 학문이었다. 당연히 우리는 유클리드의 『기하학원론』을 공부하고 나서 데까르뜨의 해석기하학으로 들어가는 것이 올바른 순서라고 생각하지만 뉴턴은 그렇게 하지 않았다. 그는 유클리드를 읽지 않고, 다시 말해 기하학에 대한 깊은 지식도 없이 바로 데까르뜨의 해석기하학으로 들어갔다.

뉴턴이 아무리 똑똑하다고 해도 얕은 지식을 가지고 그보다 한참 수준이 높은 내용을 이해하는 것은 쉽지 않았다. 그는 이 어려움을 어떻게 해결했을까? 다시 유클리드부터 시작했을까? 아니다. 그는 다른 방식으로 데까르뜨의 해석기하학을 공부했다. 뉴턴이 조카사위인 콘듀이트에게 말한 내용을 보면, 그는 데까르뜨의 해석기하학을 처음부터 읽어나갔다. 읽다보면 당연히 모르는 부분이 나왔다. 그러면 도로 앞으로 돌아가서 처음부터 다시 읽었다.

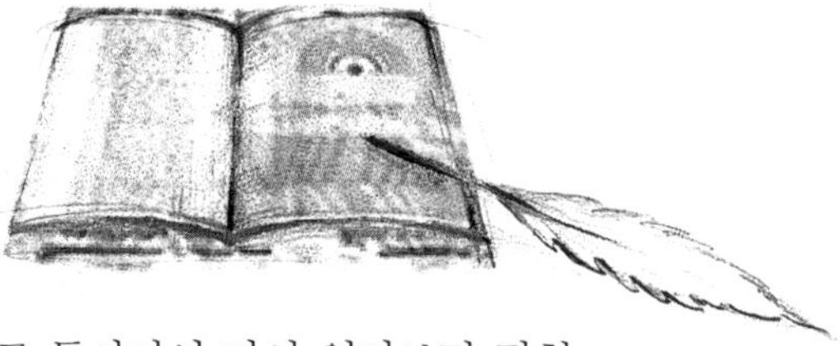

막히는 부분을 염두에 둔 채 앞으로 돌아가서 다시 읽다보면 막힌 부분을 이해하게 되고 처음보다 좀더 많이 나아갈 수 있었다. 그러다 또 막히면 또다시 처음부터 읽었다. 이렇게 앞으로 돌아가기를 반복하면서 책을 읽는 일은 상당히 많은 시간과 끈기가 필요한 것이었지만, 일단 한번 성공한 후 뉴턴이 도달한 이해는 책 10권을 대충 읽는 것보다 훨씬 깊은 것이었다. 그리고 이런 식의 책 읽기는 이해에 덤으로 기억, 그것도 장기기억[6]까지 추가되는 이점이 있었다.

'앞으로 다시 돌아가 읽기'와 '비판적 읽기'는 서로 상호보완적인 효과가 있었다. 노트를 통해 읽은 내용을 요약하고 확장하는 비판적인 방법은 이해의 정도를 검증하는 역할을 했다. 요약과 논리적인 추론이 힘들다면 그것은 충분히 이해하지 못하고 있음을 의미했다. 그런 경우에는 다시 처음으로 돌아가 읽을 이유가 생긴 것이다. 하지만 이렇게 돌아가 읽을 때 뉴턴이 이해하는 내용은 처음과는 깊이가 사뭇 다를 수밖에 없었다. 그것은 두번째로 읽기 때문이기도 하지만 책에서 무엇을 주의 깊게 읽어야 하는지 문제의식이 생겼기 때문이기도 하다. 이렇게 해서 이해한 깊이있는 지식들이 후일 만유인력 발견을 가능하게 한 기본 토대를 마련해준 것이다. 이런 의미에서 봤을 때 뉴턴의 토대는 다른 사람들의 토대보다 훨씬 더 튼튼

하고 높았다고 할 수 있다. 뉴턴이 자신이 거인들의 어깨 위에 올라가 있었다고 표현할 수 있었던 것은 바로 기존 지식에 대한 철저한 이해가 있었기에 가능했던 것이다.

뉴턴의 노트는 그가 어떻게 공부했는지뿐만 아니라 무엇을 공부했는지도 보여준다. 뉴턴이 스펀지가 물을 빨아들이는 것처럼 다양한 아이디어들을 흡수해 그것들을 하나의 생각으로 정리하는 독특한 능력을 지니고 있었다는 것을 엿볼 수 있다. 뉴턴의 과학적 업적에 가장 큰 영향을 미친 것은 역시 데까르뜨이다. 『프린키피아』의 원제목인 『자연철학의 수학적 원리』도 데까르뜨의 『철학원리』를 염두에 두고 정해진 제목이라는 것에서 알 수 있는 것처럼 뉴턴의 가장 중요한 출발점은 데까르뜨였다. 그보다는 못하지만 갈릴레오, 보일 같은 과학자도 뉴턴의 연구에 영향을 미쳤다. 뉴턴은 앞에서 말한 방식대로 이들의 책을 읽고 정리하고 확장해나갔다.

그러나 만유인력 연구에 영향을 미친 것이 비단 이들 과학자들의 연구에만 한정된 것은 아니었다. 고대 그리스 · 로마의 시, 성경, 르네쌍스에 유행한 고대의 신비주의 사상들, 연금술 연구도 과학자들의 연구만큼이나 뉴턴에게 중요한 아이디어의 샘이 되었다.

뉴턴이 『프린키피아』를 통해 만유인력 개념을 발표한 뒤 영국사회에서 이 책은 빠르게 퍼져나갔다. 그러나 그에 비해 프랑스사회에서 뉴턴의 이론은 쉽게 받아들여지지 않았다. 물체들의 연속적인 충돌로 힘이 전달된다는 데까르뜨주의 기계적 철학에 익숙해 있던 프랑스 지식인들에게 서로 떨어져 있는 상태에서 힘이 전달되는 만유인력 개념은 받아들이기 거북스러운 것이었다. 특히 프랑스의 데까르뜨주의자들은 만유인력이라는 개념에서 기계적 철학이 배격하려고 한 물활론적(物活論的) 자연관의 냄새를 맡았다. 이처럼 '원거리인력'이라는 만유인력의 핵심적인 개념은 당시 과학계에서 그다지 쉽게 통용될 수 있는 것이 아니었다.

그렇다면 기계적 철학에서는 찾아볼 수 없는 원거리인력에 대한 생각은 어디에서 연유한 것일까? 뉴턴의 만유인력 개념 형성과정을 연구한 역사가 몇몇은 이에 대한 해답으로 뉴턴의 연금술 연구에 주목했다. 연금술은 보통의 물질을 금으로 바꾸는 것을 목적으로 하는 일종의 신비주의 학문이다. 베이컨은 그것이 개인의 사리사욕을 추구한다는 점에서 강하게 비판하기도 했다. 그러나 과학의 기반이 충분히 닦이기 전 연금술 연구는 과학이 감당하지 못한 부분에서 과학발전을 촉진하는 역할을 했다. 예를 들어 연금술사들이 금을 만들기 위해 이 물질, 저 물질을 섞고 끓이는 작업을 통해서 화합물 연구가 이루어졌고 화학에 사용되는 많은 실험기구들이 등장했다. 당시에는 연금술과 현대적 의미의 화학이 서로 혼재된 채 연구된 것이다.

뉴턴의 연금술 연구는 20세기 초까지 잘 알려지지 않다가 유명한 경제학자 케인즈[7]에 의해 세상에 널리 소개되었다. 케인즈는 방대한 양의 연금술 연구 노트를 보고 뉴턴은 근대적인 과학자가 아니라 최후의 연금술사였다고 표현했다. 이로써 빛을 보게 된 뉴턴의 연금술 연구에 많은 사람들은 놀라움을 금치 못했다. 양으로 따져도 다른 과학연구에 못지않은 분량이었고, 그런 신비주의적인 연구를 뉴턴이라는 과학적인 인물이 했다는 점이 무엇보다도 사람들에게 의외의 사실로 다가온 것이다.

그러나 뉴턴을 연구하던 과학사학자 중 일부는 연금술 연구에서 만유인력의 원거리인력에 대한 단서를 잡을 수 있었다. 분량과 깊이를 자랑하는 뉴턴 전기를 낸 것으로 유명한 과학사학자 웨스트폴은 원거리인력이라는 개념의 근원을 뉴턴의 연금술 연구에서 찾고 있다. 그는 뉴턴이 활발히 연금술 연구를 하던 시기와 만유인력을 집중적으로 연구하던 시기가 서로 겹친다는 사실과, 연금술에서 많이 사용하는 '활동적인 원리' 개념과 만유인력의 원거리인력 개념 사이의 유사성을 들면서 만유인력 개념 형성에 미친 연금술의 영향을 언급했다. 또다른 과학사학자 돕스 역시 연금술 개념과 만유인력 개념 사이의 유사성을 근거로 연금술의 영향을 거론했다. 이들의 연구는 만유인력 개념을 형성하는 과정에서 뉴턴이 자신에게 주어진 모든 아이디어를 이용해서 과학적인 발견을 하나로 완성해나갔음을 보여준다. 연금술의 아이디어를 과학적인 발견으로 수렴하는 과정에서도 뉴턴의 비판적인 수용 태도가 잘 드러난다.

다시 앞에서 던진 질문으로 돌아가보자. 지금까지 살펴본 바에 따르면 만유인력 개념의 형성과정에서 나타난 뉴턴의 과학적 창조성은 타고난 천재성과 순간적인 영감에만 의존한 재능이 아니었다. 만유인력 개념이 형성되기까지는 데까르뜨나 후크, 핼리 같은 인물들의 지적 자극이 중요한 역할을 했음을 알 수 있다. 여기에 기존 지식에 대한 심오한 이해, 다양한 지식에 대한 흡수력과 그것에 질서를 부여하는 능력이 더해지고 그것들을 추구하는 끈기, 지칠 줄 모르는 열정 같은 개인적인 품성이 부가되었기에 만유인력이라는 창조적인 개념이 탄생할 수 있었던 것이다.

Newton

아이작 뉴턴 연표

1642 크리스마스 이브에 유복자로 탄생.

1661 케임브리지대학 트리니티칼리지에 장학생으로 입학.

1662 케플러의 『광학』 읽음.

1663 배로우의 강의에 참석. 데까르뜨의 해석기하학을 숙지함.

1664 프리즘을 구입하여 빛의 굴절 관찰. 첫번째 반사망원경 제작.

1665 케임브리지대학에서 학위를 받음. 흑사병 창궐로 고향에 돌아옴.

1666 '기적의 해'—미적분학, 만유인력, 광학에 관한 중요한 아이디어들을 얻음. 빛의 구성 연구.

1667 케임브리지로 돌아옴. 빛의 본성에 대한 기초를 세움.

1668 최초의 반사망원경 제작. 비(非)구면 렌즈 깎기를 독학.

1669 배로우의 뒤를 이어 루카스 수학 석좌교수에 오름.

1670 빛의 성질에 관한 실험 계속.

1671 두번째 반사망원경 제작.

1672 빛의 구성에 대한 기념비적 논문을 왕립학회에 제출. 논문에 대한 찬사와 함께 프랑스 예수회 수도사 빠라디 등에게 비판도 받음. 왕립학회 회원으로 선출.

1674 프랜씨스 홀에게 1672년 논문에 대해 비판 받음.

1675 왕립학회에 빛에 관한 두번째 논문 제출. 빛의 입자 이론 제안.

1676 후크와 빛에 관한 서신을 교환.

1678 색깔에 관한 논쟁을 더이상 하지 않기로 결정.

1679 원운동에 관한 후크의 편지 도착.

1684 핼리가 방문하여 역제곱 힘에 관한 문제 제기.

1687 『프린키피아』 출간.

1688 명예혁명 후 케임브리지대학 대표로 하원에 진출.

1689 해링턴과 음정 비에 관해 서신 교환.

1691 조폐국장에 임명됨.

1703 후크 사망. 자신의 연구를 출판하는 데 자유로움을 느낌. 왕립학회 회장으로 선출.

1704 『광학』 출간.

1705 영국 왕실로부터 기사에 서훈됨.

1712 1판을 보완하여 『프린키피아』 2판 출간.

1717 『광학』 1판을 수정 · 추가하여 2판 선보임.

1726 『프린키피아』 3판 출간.

1727 런던 교외의 켄싱턴에서 사망. 웨스트민스터사원에 안장됨.

제5장 아인슈타인, 영재였나 둔재였나

Einstein

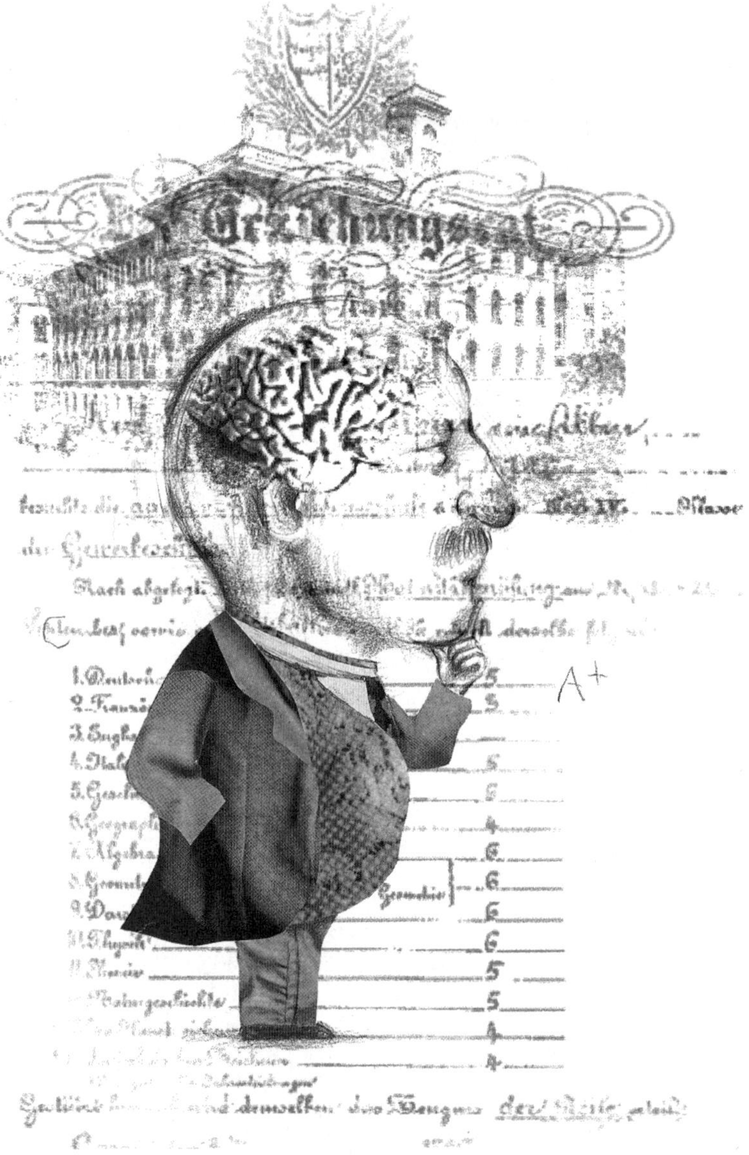
A+

1
'천재'의 성적

사람들은 대부분 아인슈타인이란 이름을 천재의 대명사로 여긴다. 그만큼 아인슈타인에게 뛰어난 재능이 있었음은 틀림없다. 더구나 아인슈타인만큼 자신의 천부적인 소질을 학문적 성취에 연결시키는 것에 크게 성공한 사람도 많지 않다. 그러므로 그의 성장과정에 특별한 관심이 쏠릴 수밖에 없다.

무엇보다 흥미로운 사실은 그의 학업성적이 뛰어나지 않았다는 점이다. 우리 주변에도 빼어난 재능을 가지고 훌륭한 업적을 이룬 사람들 가운데 학업성적이 우수하지 않은 사람이 더러 있기는 하다.

그러나 그들은 대체로 학문적 성취와 그다지 상관없는 분야에서 활동한 사람들이다. 학문 가운데서도 깊은 사고와 철저한 수련을 요하는 이론물리학 분야에서 역사상 유례를 찾기 어려운 업적을 성취한 사람이 학생 시절의 학업성적은 그다지 화려하지 않다면 그 자체로도 충분히 관심을 받을 만하다.

그런데 그의 학업성적의 실상에 대해 좀더 세심한 주의를 기울일 필요가 있다. 아인슈타인 같은 천재의 성적이 뛰어나지 않았다는 사실이 과장되어 고등학교 중퇴, 대학입시 실패, 졸업 후의 구직난 등 몇가지 사건들과 맞물려 엄청나게 왜곡될 여지가 있다. 아인슈타인의 학업성적 문제를 단순한 예외나 이례적인 흥밋거리로 보아서는 안된다. 여기에는 남다른 지적 성장을 위해 학업성적에 어떠한 자세를 지녀야 하는지에 대한 하나의 본보기가 들어 있으며, 아울러 좋은 교육이 지녀야 할 정말로 중요한 요인들은 무엇인지 하는 교훈이 담겨 있기 때문이다. 여기서는 고증 가능한 분명한 자료들을 바탕으로 그의 성장과 학업과정에 대해 객관적으로 살펴나가기로 한다.

2

끈질긴 능청꾸러기

아인슈타인의 유년기에 대해서 비교적 믿을 만한 문헌은 두살 아래의 누이동생 마야[1]가 쓴 글이다. 이 글은 1924년에 씌어졌는데, 아인슈타인의 전기를 쓰려고 계획한 초안이다. 마야는 이 글에서 아인슈타인의 출생과 관련해 다음과 같이 기록하고 있다.

알베르트 아인슈타인은 1879년 3월 14일 울름(Ulm)에서 출생했다. 그가 태어났을 때 어머니는 그의 뒤통수를 보고 질겁했다. 지나치게 크고 모가 나 있어서 혹시 기형이 아닌가 무척 걱정을 했던 것이다. 그러나 의사는 걱정하지 말라고 했으며, 몇주일 후에는 곧 정상으로 돌아왔다. 날 때부터 남달리 체중이 많이 나간 아인슈타인은 항상 조용했으며 보살핌이 별로 필요하지 않았다. 얼마간 지난 후 아이를 처음 본 할머니는 놀라서 손을 휘젓고는 연방 "너무 뚱뚱해! 너무 뚱뚱해!" 하고 말했다. 그는 아주 천천히 정상적인 아이로 성장해나갔다. 말을 배우는 데도 상당한 어려움을 겪어서 주변 사람들은 아인슈타인이 영영 말을 못하지 않을까 염려하기까지 했다.

그러나 그것은 기우였다. 그가 두살이 되었을 때는 외할머니가 "저 능청꾸러기 좀 봐" 하고 말할 정도로 익살도 잘 부렸다.

두살 반이 된 아인슈타인은 함께 데리고 놀 누이동생이 태어났다는 말을 듣고는 무슨 장난감인형이라도 태어난 것으로 생각했는지, 아기에게로 달려와서 보고는 적이 실망한 어조로 "응, 그런데 바퀴는 어디 달렸어?" 하고 외쳤다.

이 무렵 아인슈타인의 지적 성장은 비교적 빨랐던 것 같다. 그의 가족은 1880년 6월 울름을 떠나 이후 십여년간 뮌헨에서 살게 되었고, 따라서 아인슈타인의 초등교육은 대체로 뮌헨에서 이루어졌다. 그는 초등학교에 입학하기 전 약 1년간 개인교사를 통해 공부를 했으며 바이올린 교습도 함께 받았다. 1885년 가을, 만 일곱살이 채 되지 않은 나이로 페터스슐레(Petersschule)라는 가톨릭 계통의 초등학교에 입학했다(당시 입학 연령 제한이 엄격했으므로 미리 개인교사를 통해 공부하고 초등학교 2학년으로 입학하는 관례가 있었는데 아인슈타인도 이 관례를 따른 듯하다). 거기서 그는 처음부터 상당히 좋은 성적을 받은 것이 분명하다. 이듬해인 1886년 8월 1일 그의 어머니가 자기 언니에게 보낸 편지에 다음과 같은 구절이 있다.

> 어제 알베르트가 성적표를 가져왔는데, 이번에도 1등을 했어요. 아주 훌륭한 성적을 받았더군요.

그러나 이 무렵의 공식적인 기록은 남아 있지 않다. 오직 마야의 글을 통해서만 당시의 상황을 알 수 있는데, 거기에는 그의 재능을 제대로 인정받지 못한 것으로 되어 있다.

> 거기서 그는 엄격한 교사를 만났는데, 구구단을 가르칠 때는 이른바 타첸(Tatzen)이라는, 손바닥을 때리는 방법을 사용했다. 당시로서는 그러한 방식이 그리 이상한 것이 아니었고, 아이들을 일찍 미래 시민으로서의 역할에 길들이기 위한 방편이었다. 자신감 넘치

고 생각이 깊은 이 소년은 그저 중간 정도의 재능을 가진 것으로 인정되었는데, 이것은 오직 그가 사물을 숙고하는 데 시간이 걸리고 교사가 희망하는 대로 반사적인 대답을 하지 않았기 때문이었다. 이 시기에는 수학에 대한 특별한 적성이 전혀 눈에 띄지 않았다. 그는 진지하고 끈질긴 면은 있었으나, 빠르고 정확한 것을 기준으로 한다면 산수조차도 잘하는 편이 못되었다. 한편 그는 설혹 계산과정에서 쉽게 과오를 범하기도 했지만, 어렵게 뒤엉킨 문제에서는 언제고 자신있게 답을 찾아나갔다.

여기서 이미 아인슈타인이 지닌 특징의 일면을 볼 수 있다. 그의 특징은 재빠른 계산 능력보다는 집요한 사고력에 있었던 것이다.

어린 알베르트의 능력을 말해주는 아주 전형적인 예로는 그가 즐겨 한 게임을 들 수 있다. 그는 틈만 나면 수수께끼를 풀거나, 퍼즐을 하거나, 유명한 '앙커' (Anker) 블록세트를 가지고 복잡한 구조물을 세우는 놀이를 했다. 특히 그가 가장 좋아한 것은 카드를 가지고 여러층의 집을 짓는 놀이였는데, 3층 혹은 4층 높이의 카드 집을 세우는 일이 얼마나 인내와 정교함을 요하는 일인지 아는 사람이라면 열살도 채 안된 소년이 14층 높이의 집을 세우는 것을 보고 놀라지 않을 수 없었을 것이다. 끈질김과 집요함은 이미 그가 가진 성격의 한 부분이었고 또 계속 증진되고 있었다.

3

숨막히던 김나지움 시절

페터스슐레를 3년간 다닌 아인슈타인은 1888년 가을 입학시험을 치르고 대학 예비학교에 해당하는 9년제 루이트폴트 김나지움(Luitpold Gymnasium)에 입학한다. 당시의 학업에 대해 마야는 다음과 같이 쓰고 있다.

> 이 학교는 인문적 성향이 강해 라틴어나 후기 그리스어 같은 고전어 수업에 치중하고, 수학과 자연과학은 상대적으로 덜 중시되었다. 라틴어의 명확하고 엄격한 논리구조는 그의 재능에 적합한 반면 그리스어와 현대 외국어는 적성에 맞지 않았다. 한번은 유달리 부실한 숙제를 받은 그리스어 교사가 몹시 화를 내며 그는 장래에 쓸모있는 인물이 결코 될 수 없을 것이라고 말하기도 했다.

이 학교는 1921년에 폐교되었고, 당시의 성적 기록은 2차대전중에 소실되어 전해지지 않는다. 그러나 그 후신으로 설립된 학교의 교장을 지낸 비라이트너라는 사람이 1929년 아인슈타인의 당시 성적에 대한 간단한 글을 쓴 적이 있다. 이것이 이 학교에서 아인슈타인의 성적에 관한 유일한 정보인데, 그의 글에 의하면 아인슈타인은 라틴어에서 최소 2는 받았고 6학년(우리나라의 중학교 3학년) 때는 1을 받았다(이때의 성적은 4등급으로 나뉘어 1이 가장 높은 성적이

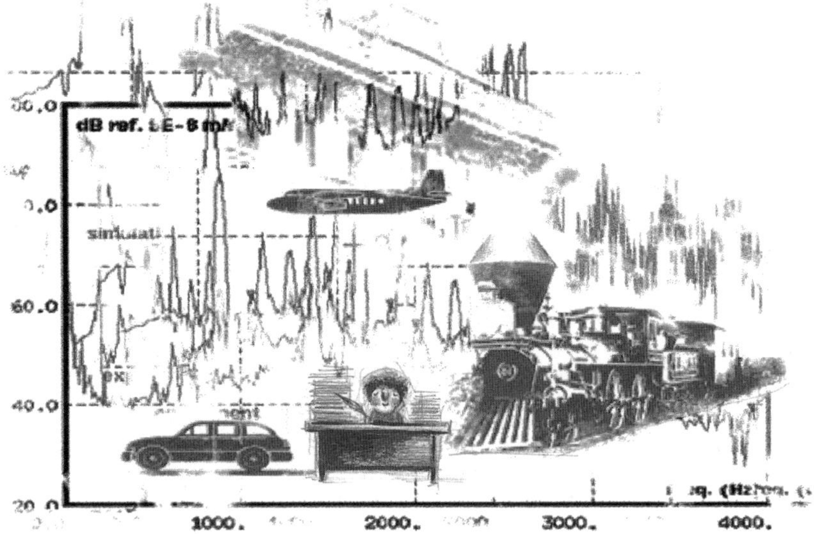

고 4가 가장 낮은 성적이었다). 그리고 그리스어에서는 학기별로 1-2(1과 2의 중간) 혹은 2-3을 받고 학년말에는 늘 2를 받았으나 이 학교에서 마지막으로 공부한 7학년(우리나라의 고등학교 1학년) 첫 학기에는 3을 받았다. 아인슈타인의 장래에 대해 결과적으로 크게 빗나간 예언을 한 사람이 바로 이 7학년 때의 그리스어 교사였는데, 아인슈타인의 담임선생이기도 해서 아인슈타인이 견디지 못하고 중퇴해버린 한 원인이었다.

한편 수학에서 그는 1이나 2를 받았는데 5학년 이후에는 어김없이 1을 받았다. 그러나 이 시기의 성적, 특히 수학 성적이 그의 학업 성취도를 정확히 반영하는 것은 아님을 다음과 같은 마야의 말에서 확인할 수 있다.

> 김나지움에서는 열세살이 되어야 대수와 기하를 배우도록 되어 있었다. 그는 이전에 벌써 응용산수의 복잡한 문제들을 풀어나가기 좋아했다. 그러나 그가 종종 범하는 계산상의 실수로 교사들 눈에는 그가 특별히 재능을 가진 것으로 비치지 않았다. 어느 방학 때 그는 자신이 혼자서 얼마나 이해할 수 있는지를 알기 위해 부모를 졸라 미리 교과서를 구입했다. 노는 것도 친구들도 모두 잊은 채, 정리(定理)들을 공부해나가면서 그는 책에 나오는 증명을 보지 않고 자신의 힘으로 직접 증명하려고 했다. 며칠이고 혼자 앉아 해(解)를 구하는 데 골몰했으며, 구할 때까지 결코 포기하지 않았다. 때때로 그는 책에 나온 것과는 다른 방식으로 증명을 찾아냈다. 그리하여 수개월이 되는 방학 동안 김나지움 교과과정에 들어 있는 내용 전부를 혼자서 공부해내고 말았다.

이 시기 아인슈타인의 교육에서 빼놓을 수 없는 사람이 둘 있다. 한 사람은 그의 삼촌 야콥(Jakob)이고, 또 한 사람은 당시 의학 공부를 하던 유태계의 폴란드 학생 막스 탈미(Max Talmey)다. 공학 교육을 받고 전기기사로 일하던 야콥은 어린 아인슈타인에게 특히 수학에 대해 지속적으로 호기심을 북돋우고 어려운 문제들을 제시해 자신의 힘으로 풀도록 도와줌으로써 흥미와 자신감을 일깨우는 데 크게 기여했다. 한편 아인슈타인이 김나지움에 입학한 다음해부터 약 5년간 그의 집에 머물면서 열한살이나 나이 차이가 나는데도 어린 아인슈타인과 가까운 친구가 되었던 탈미는 좀 다른 의미에서 아인슈타인의 지적 성장을 크게 도왔다. 당시 뮌헨에는 외국에서 공부하러 온 어려운 처지의 유태계 학생들에게 숙식을 제공해주는 미덕이 있었는데, 탈미는 바로 아인슈타인의 집에 머물면서 이러한 도움을 받는 학생이었다.

> 이 소년에게 철학적 사고의 세계를 열어준 것은 바로 막스 탈미였다. 그는 지식에 목말라 하는 소년이 제기하는 모든 의문에 대해 함께 논의했으며 자연철학에 대한 여러 책들을 추천해 읽도록 했다. (…) 김나지움의 교사들은 탐색하고 반추하는 능력보다는 이미 정해진 해답을 재생하는 데에만 관심을 기울였지만, 이 사려깊은 의학도는 어린 아인슈타인에게 훨씬 많은 것을 제공했다. 아인슈타인은 탈미의 관심사가 되는 모든 것을 탐색하는 데 온 힘을 다했다. 그리고 이러한 일이 바로 아인슈타인이 사고하는 인간으로 성숙해가는 결정적인 시기에 일어난 것이다. 그 결과 과학에 대한 그의 관심이 넓어졌다. 더는 수학에만 매몰되어 있지 않고 자연과학 일반의 근본적인 문제들에 발을 들여놓기 시작한 것이다.

이러한 내적 성장 시기에 군사적 기풍과 주입식 학습에 매몰된 김나지움 교육에 아인슈타인이 염증을 느낀 것은 오히려 자연스러운 일이다. 그러나 이에 대처한 그의 자세는 또다른 측면에서 우리에게 놀라움을 준다. 아인슈타인이 7학년에 올라가던 1894년 그의 가족은 이딸리아로 이주를 하게 되었다. 그러나 아인슈타인은 학업을 위해 뮌헨의 친지들 집에 남겨졌다. 그러나 7학년 첫 학기(1년이 4학기로 되어 있음)를 마칠 무렵인 그해 12월, 돌연 우울증과 신경과민이라는 의사의 진단서를 받아 교장에게 제출하고는 학교를 떠나 부모의 집으로 가버리고 말았다. 이 저돌적인 행동에 모두가 당황했지만 그는 태연히 뮌헨으로 돌아가지 않을 것이며 독학으로 당시 명문이던 스위스연방공과대학에 입학할 것이라고 선언했다. 마야는 이 일에 대해 다음과 같이 말하고 있다.

> 이것은 열여섯살 된 소년의 행동치고는 매우 대담한 결정이었지만 그는 이것을 해냈다. 부모님은 이 일에 대해 내심 대단히 걱정하면서도 이 계획을 수행하는 데 필요한 것들을 해주는 것밖에는 달리 도리가 없었다.

4

대학에 입학하기까지

이딸리아로 온 아인슈타인은 수학과 과학 공부에 몰두하면서 틈틈이 전기기구 제작회사를 경영하는 집안의 일을 돕기도 했다. 한번은 그가 꽤 어려운 기계 디자인 문제를 해결했는데, 야콥 삼촌은 정규기사인 자신과 도제들이 어린아이가 쉽게 풀어내는 문제를 가지고 여태 고심해왔다고 한탄한 일도 있었다. 이 자유로운 생활과 독립적인 공부는 아인슈타인에게 다시 활기를 불어넣어주었다. 그는 즐거운 나날을 보냈고 많은 사람들에게 귀여움을 받았다. 마야는 그의 공부방식에 대해 다음과 같이 기록하고 있다.

> 아인슈타인의 공부방식은 무척 유별났다. 사람들이 모여 꽤나 소란스러운 가운데서도 그는 펜과 종이를 들고 소파에 푹 파묻혀 앉아 잉크병을 의자 팔걸이에 위태위태하게 올려놓고는 문제에 완전히 몰두하는 것이었다. 사람들이 떠드는 소리가 그를 방해하기는커녕 오히려 북돋워주는 듯했다.

그러나 그의 계획대로 다음해 가을에 스위스연방공과대학에 입학하는 것은 쉬운 일이 아니었다. 고등학교 졸업장도 없을뿐더러, 나이도 입학요건에서 두살이나 모자랐다. 고등학교에서도 최연소 학생이던 그가 말하자면 고1에 중퇴하고 2년이나 건너뛰어 대학에 입학하려는 것이었다. 그래서 아인슈타인의 부모는 연방공과대학 학장과 친분이 있는 친지를 통해 입학시험만이라도 볼 수 있게 해달라는 청원을 했다. 이에 학장 헤르쪼크가 1895년 9월 25일, 청원서를 보낸 아인슈타인 집안의 친지 마이어에게 다음과 같은 답신을 보냈다.

> 구스타브 마이어씨
>
> 이달 24일에 보내주신 당신의 질의에 대해 이렇게 권하고 싶습니

다. 제 경험에 따르면 학생이 신동이라 하더라도 자기가 공부를 시작한 학교를 중단하는 것은 바람직하지 못합니다. 학생을 설득해 현재의 학교에서 전 과정을 마치고 졸업시험에 합격하도록 권하는 바입니다. 그러나 만일 당신이나 학생의 부모님이 제 의견에 수긍하지 않으신다면 저는 연령 규정에 특별한 예외 조치를 취해서 학생이 우리 대학의 입학시험을 보도록 허락하겠습니다. 이 경우 학생의 재능과 지적 성숙도에 대해 당신이 알려준 내용 전부를 해당 학교 교장이 서면으로 확인해줄 것을 전제로 하는 바입니다.

연방공과대학 학장 헤르쪼크

이 편지가 암시하는 것을 보면 당시 마이어는 아인슈타인이 이미 김나지움을 중퇴한 상황임을 알리지 않았다는 것을 알 수 있으며, 이제 입학시험을 보려면 김나지움 교장의 추천을 받아야 하는 어려움도 생겼다. 실제로 김나지움 교장의 추천을 받았는지는 알 수 없으나, 김나지움을 떠나면서 아인슈타인을 알아본 한 수학 교사에게서 대학에 입학하기에 충분한 수학 지식과 능력을 지녔다는 의견서를 받은 일이 있으니, 아마도 그것으로 대치하지 않았을까 추측된다. 당시의 이러한 시도로 보아 한가지 분명한 점은, 아인슈타인 자신이 이미 자기 능력에 대한 확고한 자신감을 지니고 있었을 뿐 아니라 주위에서도 그 점을 부분적으로는 인정하고 있었다는 사실이다.

아인슈타인이 치르게 된 입학시험은 그해 10월 8일부터 시작되었는데, 크게 두 부분으로 나뉘어 하나는 일반지식을 묻는 것이고 다른 하나는 전문과학지식을 묻는 것이었다. 일반지식을 묻는 부분은 문화사 · 정치사 · 자연과학 · 독일어 구술시험과 논술시험이었고, 전문과학 분야는 산수 · 대수 · 기하 · 도형기하 · 물리 · 화학에 대한 구술시험과 제도(製圖)가 포함되어 있었다. 아인슈타인은 결국 일반지식이 부족해 입학허가를 얻지 못했다. 그러나 수학과 과학 쪽 성적은 대단히 좋아 물리학 교수 베버[2]가 대학 2학년생을 대상으로 하는 자신의 강의를 들어도 좋다는 허락까지 해주었다(뒤에 나오는 표에서 보다시피 후에 아인슈타인은 이 강의를 좋은 성적으로 수강했으며 이때의 노트가 지금까지 남아 있다).

한편 헤르쪼크 학장은 아인슈타인에게 스위스 아라우(Aarau)에 있는 아가우 칸톤(Aargau Kanton) 고등학교에 1년 더 다녀서 중등교육 과정을 마칠 것을 권했다. 이 학교는 내부적으로 김나지움과 실업학교(Gewerbeschule)로 나뉘어 있었는데, 훌륭한 자유주의 교육을 하는 곳으로 알려져 있었으며, 사실상 아인슈타인의 적성에 맞는 좋은 학습 여건을 제공했다.[3] 아인슈타인은 그해 10월 말 실업학교 3학년으로 편입했는데, 이것만으로도 김나지움에서 공부하던 학년에 비하면 1년을 월반한 셈이었다. 여기서 그는 1년이 채 안되는 세 학기를 마치고 졸업하게 되는데, 당시 그의 성적 기록을 보면 다음 표와 같다(1895/96학년까지는 1을 최우수로 하는 6등급 체계였으나, 다음 해인 1896/97년부터는 6을 최우수로 표시하는 체계로 바뀌었다. 이런 갑작스런 성적 표시 방식의 변화 때문에 아인슈타인의 성적에 대해 한때 상당한 오해가 있었다).

학년	3 (1895/96)		4 (1896/97)
학기	III	IV	I
품행	·	양호	양호
결석	·	2	2
독일어	2-3(양호)	2-3	4
프랑스어	3-4(양호)	3-4(2)	3-2(4-5)
이딸리아어	2-3	5	5
역사	1-2(1)	2	5
산수·대수·기하	1(1)	1	6
도형기하	3	2(3-4)	4-5(4)
자연사	식물 2	식물 1-2	5
	광물 2-3	광물 2-3	
물리	1-2	1-2	6-5
화학	(1)	3(2)	5
제도	3(2)	3	5-4(5)
도화	3(2)	·	4(5)
노래	·	·	5(6)
음악(바이올린)	1	1-2	5-6

1895/96년 III학기: 화학은 교실에서 시험을 치르지 않았음. 불어·화학·자연사에서 계속 개별지도 요함.

1896년 4월: 프랑스어에서 진급에 이의가 있음.

1896/97년 I학기: 프랑스어에서의 이의가 유효함.

여기서 괄호 속은 근면 정도를 말한다. 그리고 1-2로 된 수치는 1과 2 사이, 즉 중간 정도의 점수임을 나타낸다. 이 과목들에서 보는 바와 같이 아인슈타인이 입학한 곳이 실업학교라고는 하나 실업과목은 거의 없으며 단지 고전어 대신 수학과 과학이 강조된다는 점에서 김나지움과 다르다.

다음해인 1896년 9월 4학년의 첫 학기를 마친 아인슈타인은 '마투라'(Matura)로 불리는 졸업시험을 치게 되었다. 스위스연방 교육위원회와 아가우 교육국의 협정에 의해서 이 시험에 합격한 학생은 다른 시험을 치르지 않고 연방공과대학에 입학할 수 있었다. 교장은 지원 학생의 간단한 이력서, 장래계획서와 함께 최종성적을 아가우 교육국에 제출하게 되며, 형식상 아가우 교육국이 시험을 주관했다. 3일에 걸쳐 일곱 과목의 필기시험이 있고 약 열흘 후에는 공개 구술시험이 있었는데, 시험은 대체로 실업학교 교사들이 출제하고 관리했지만 구술시험 때는 관례적으로 연방공과대학 교수 두 사람이 함께 참여했다. 학교성적도 참작하는데 특히 도화와 제도 성적은 오로지 학교성적만으로 결정했다.

당시 모두 9명의 학생들이 응시했는데 전원 합격했고, 특히 아인슈타인은 평균 5 1/3로서 응시자 가운데 최고 성적을 얻었다. 다행히 이때 아인슈타인의 답안이 남아 있으며 『아인슈타인 문헌집』에 모두 게재되어 있다. 참고로 아인슈타인의 성적을 과목별로 살펴보면, 필기시험으로 독일어 5, 외국어(프랑스어) 3-4, 기하 6, 물리 5-6, 대수 6, 화학 5이며 구술시험으로 역사와 도형기하 각각 6이다.

5

대학생 아인슈타인

이리하여 아인슈타인은 1896년 10월, 여전히 입학허용 연령보다 한살 어린 나이로 쮜리히에 있는 스위스연방공과대학에 입학하게 된다. 당시 연방공과대학은 과학과 공학의 교육, 연구기관으로 세계적인 명성을 지니고 있었다. 연방공과대학은 7개 학부로 나뉘어 있었는데, 이 가운데 VI학부가 수학과 과학 교사를 위한 학부로 연방공과대학의 과학연구와 교육의 핵을 이루는 곳이었다. 이는 다시 VI A학과와 VI B학과로 나누어지는데, VI A학과는 수리과학(수학 · 물리학 · 천문학)을 주로 하는 곳이었고, VI B학과는 기타 자연과학을 주로 하는 곳이었다. 그해에는 11명이 VI A학과에 입학했는데, 후에 아인슈타인의 부인이 된 밀레바 마리치[4]도 그중 하나였다. 이때 아인슈타인이 택한 과목들과 그 성적을 정리해보면 다음과 같다.

과목	담당교수	성적	이수학년 및 학기
미적분학 및 연습	후르비츠	43/4	1 : I, II
미분방정식 및 연습	〃	5	2 : I
도형기하학 및 연습	피들러	41/4	1 : I, II
투영기하학	〃	41/4	1 : II, 2 : I
역학 및 연습	헤르쪼크	51/4	1 : II, 2 : I
해석기하학	가이저	5	1 : I
행렬식[5]	〃	5[8]	1 : II
미분기하학	〃	—	2 : I, II

불변량의 기하학적 이론	〃	—	2 : II
정수기하학	민꼬프스끼	—	2 : I
함수론	〃	—	2 : II
포텐셜이론	〃	—	2 : II
타원함수론	〃	—	3 : I
해석역학	〃	—	3 : I
변분법	〃	—	3 : II
대수학	〃	—	3 : II
편미분방정식	〃	—	4 : I
해석역학 응용	〃	—	4 : II
정수론	루디오	—	2 : I
정적분론	히르쉬	—	2 : II, 3 : II
선형미분방정식론	〃	—	3 : I
물리실험 개론	뻬르네	—	3 : II
초급 물리실험	〃	1	3 : I
물리학	베버	5 1/4	2 : I, II
전기기술·원리·기구 및 측정법	〃	—	3 : I, II
전기진동	〃	—	3 : I
전기기술실험	〃	6	3 : I, II
물리연구실험	〃	5 1/3	3 : II, 4 : I, II
전기역학 개론	〃	—	3 : II
교류	〃	—	3 : II, 4 : I, II
절대전기측정체계	〃	—	4 : I
천체물리 개론	볼퍼	—	2 : II
천체역학	〃	—	3 : I
지리적 위치결정론	〃	4 1/2	3 : II
천문학 개론 및 연습	〃	—	3 : 1, II
과학적 사고론	슈테들러	—	2 : I

그밖의 선택과목으로 중앙사영법, 외부탄도학, 칸트 철학, 선사시대 인간, 산악지질학, 스위스 정치론, 중세 및 개혁기의 스위스 문화사, 자유경쟁의 사회적 귀결 사항, 국가경제기초론, 통계 및 개인 보험의 수학적 기초, 괴테의 작품과 세계관 등의 강좌를 수강한 것으로 되어 있으나 학점 취득은 하지 않았다. 여기서 흥미로운 것은 민꼬프스끼의 강의를 9개나 수강하면서도 정식 학점을 취득한 것은 한 과목도 없다는 점이다. 실제로 아인슈타인이 정식으로 학점을 취득한 것은 대략 10과목 18강좌에 불과하다.

그러나 이것만으로는 아인슈타인 성적의 상대적 우열을 판단하기 어렵다. 학사자격을 얻기 위한 중간시험과 최종시험의 결과들을 보면 좀더 명확해진다. 여기서는 여러 사람이 같은 시험을 보고 있어서 이들의 성적을 서로 비교해볼 수 있다. 1898년 10월 학사자격 중간시험은 모두 5과목에 걸쳐 치러졌는데, 여기에 응시한 학생 5명의 성적은 다음과 같다.

	미적분	해석기하	도형 및 투영기하	역학	물리학	평균
에라트	5	5	5 1/2	5	5 1/2	5.2
아인슈타인	5 1/2	6	5 1/2	6	5 1/2	5.7
그로스만	5 1/2	5 1/2	6	5 1/2	5 1/2	5.6
뒤빠스끼에	5 1/2	5	5	5	6	5.3
콜로스	5 1/2	5 1/2	5 1/2	5 1/2	6	5.6

보는 바와 같이 이들의 성적은 모두 비슷하며 전원 합격했다. 굳이 구분하자면 아인슈타인이 근소한 차이로 가장 높은 성적을 얻었다. 반면 2년 후인 1900년 7월에 시행된 학사자격 최종시험에서는 중간시험 때의 세 사람(에라트, 그로스만, 콜로스)이 수학 시험을 보고, 물리학 쪽으로는 아인슈타인과 중간시험을 함께 치르지 않은 마리치만이 응시를 하게 된다. 그 결과 수학의 세 사람과 물리학의 아인슈타인이 합격했고 마리치는 합격하지 못했다(마리치는 그후 몇번 더 시도했으나 끝내 합격하지 못했다). 이때 아인슈타인과 마리치가 본 시험 과목과 성적을 보면 다음과 같다.

	이론 물리	실험 물리	함수론	천문학	논문 연구	총점	평균
아인슈타인	10	10	11	5	18	54	4.91
마리치	9	10	5	4	16	44	4.00

이상으로 기록상 아인슈타인의 성적은 모두 살펴본 셈이다. 이를 통해 볼 때 아인슈타인의 성적은 알려진 것과 달리 그렇게 불량한 것은 아니었다. 그러나 모든 과목에서 완벽한 점수를 받거나 남보다 월등하게 뛰어나서 주위를 압도하지도 않았다. 대체로 그는 힘 안 들이고 성적을 척척 따내는 유형의 천재는 아니었으며, 한편 성적관리를 위해 특별히 신경을 쓰지도 않은 듯하다. 오직 자신의 학문적 역량을 기르기 위해 노력했을 뿐이며, 그 결과로 얻어진 학습성과가 자연스럽게 성적에 반영되고 있을 뿐이다.

한편 그는 대학에 입학한 후에도 성적과는 무관하게 학업을 위해 혼신의 노력을 기울인 것은 확실하다. 대학시절 부모의 재정 사정이 갑자기 몹시 나빠진 일이 있었다. 그 무렵인 1898년 그가 마야에게 보낸 편지를 보면 다음과 같은 구절이 있다.

나를 가장 크게 괴롭히는 것은 말할 것도 없이 우리 가련한 부모님들의 어려움이다. 또한 나를 몹시 슬프게 하는 것은 내가 다 큰 어른으로서 이러한 일에 아무런 도움도 되어드리지 못하고 지내야만 한다는 사실이지. 나야말로 우리 집에 오직 부담만 끼치고 있으니 정말로 내가 차라리 태어나지 않은 편이 나았을 거야.

때때로 나를 지탱해주고 나를 절망에서 이끌어내주는 오직 한가지 생각은, 나는 내 작은 능력 범위 안에서 할 수 있는 모든 것을 해왔다는 것과, 그 어느 때나 내 공부를 위해 필요한 것 이외에 어떤 위락이나 탈선도 자신에게 허락하지 않았다는 것이다.

같은 해 부모의 재정 사정이 한결 나아졌다는 사실을 알게 된 후 아인슈타인은 다음해 2월 마야에게 다음과 같은 편지를 또 보냈다.

해야 할 공부는 꽤 많다. 그러나 너무 많지는 않다.

그래서 때때로 나는 한 시간 정도 쮜리히의 아름다운 곳들을 산책하곤 해.

만일 다른 사람들이 모두 나처럼 산다면 이 세상에 낭만적 소설이라는 것은 결코 씌어지지 못할 거야.

제6장 빛과 시계 맞추기

Einstein

1

고독한 천재 아인슈타인?

1905년 초여름 스위스 베른 특허국의 3등심사관인 스물여섯살의 청년 아인슈타인은 「움직이는 물체의 전기역학에 관하여」라는 제목의 논문을 완성했다. 독일에서 가장 권위있는 물리학 학술지인 『물리학 연보』[1]에 실린 이 논문은 후일 '특수상대성이론'으로 알려진 내용을 담고 있었다.

전통적인 시공간 개념을 바꾸어놓은 아인슈타인의 특수상대성이론은 종종 엄청난 천재만이 이룩할 수 있는 업적으로 이야기된다. 사람들은 특수상대성이론은 매우 어려울 것이 틀림없다고 지레짐작하며, 아인슈타인을 홀로 신화적인 업적을 이룩한 고독한 천재로 그리기도 한다. 때로는 그런 끝없는 찬양에 대한 반발로 아인슈타인의 업적이 과장되었다고 폄훼하는 경우도 있는데, 이런 경우에는 대개 특수상대성이론에 나오는 수식이나 여러 요소들 상당수가 다른 과학자들이 이미 제시한 것과 유사하다는 점을 이유로 든다.

하지만 아인슈타인이 1905년에 제출한 논문의 내용과 그 논문을 작성하기까지의 과정을 보면 아인슈타인에 대한 신격화나 폄훼가 근거 없다는 것을 알 수 있다. 일단 논문의 제목이 「움직이는 물체의 전기역학에 관하여」인 점에서도 나타나듯이, 특수상대성이론은 19세기 말, 20세기 초에 꽃핀 전자기학 연구와 불가분의 관계를 맺고 있다. 또한 아인슈타인은 당시의 전자기학에 뭔가 문제가 있다고 느끼고 1905년 논문을 완성할 때까지 약 8년 동안 계속해서 동료들과 토론했다. 그가 특수상대성이론 논문의 핵심적인 착상을 떠올린 것도 동료와 토론하던 도중의 일이었다. 그러면서도 아인슈타인의 연구방향은 다른 물리학자들의 연구방향과는 사뭇 달랐다. 앞에서 보았듯이 매우 독립적인 성향을 지닌 아인슈타인은 당시 전자기학의 문제를 독특한 방식으로 파악했다. 여기에는 발전설비업자 집안이라는 그의 출신 배경도 중요하게 작용했고, 특허국 심사관의 경험도 중요한 기여를 했다. 즉 아인슈타인은 고독한 천재가 아니면서도 자신만이 할 수 있는 독특한 업적을 이룩하는 데 성공한 인물이었다.

만인을 압도한 천재가 아니면서 엄청나게 창조적인 성과를 이룩했다는 점에서 우리는 아인슈타인이 특수상대성이론을 만들어낸 과정에 주목할 필요가 있다. 물론 여기서 살펴볼 특수상대성이론이 창조적 업적의 전형이거나 일반적인 예는 아니다. 그것은 어렴풋하게 문제를 인식하고 오랜 노력 끝에 극적인 '깨달음의 순간'(Eureka moment)을 통해 문제의 정체를 명료하게 파악한 경우다. 문제의 정체를 확인하는 것과 거의 동시에 해결책이 만들어졌다.

반면 다음 장에서 살펴볼 일반상대성이론의 경우에는 아인슈타인이 문제의 정체와 해답의 실마리를 알고 있는 상태에서 고심 끝에 해결책을 찾아내는 모습을 볼 수 있을 것이다. 이 장과 다음 장을 통해 아인슈타인이라는 한 인물이 정반대인 것처럼 보이는 상황에서 창조적인 업적을 이룩해내는 과정을 살핌으로써 그의 창조성이 어디서 나왔는지를 이해하고 우리에게도 도움이 되는 지침들을 찾아낼 수 있을 것이다. 이를 위해 일단 특수상대성이론이 해결한 문제들이 어떻게 등장했는지부터 이야기를 시작해보자.

2

세기 전환기의 전자기학

아인슈타인이 아홉살이 되던 1888년 독일의 헤르츠는 전자기파, 즉 전파(라디오파)를 발견했다. 지금이야 전파는 신기할 것이 전혀 없는 흔한 것이지만, 당시 전파 발견은 전자기학을 넘어 물리학 전반에 충격을 준 대사건이었다.

전파의 발견이 물리학계에 준 충격을 이해하기 위해서는 19세기 물리학의 흐름을 살펴볼 필요가 있다. 19세기 초의 물리학자들은 세상에는 보통 물질과 여러가지 에테르들이 있다고 생각했다. 그들이 상상한 에테르는 무게가 없고 눈에 보이지 않지만 공간을 가득 채우고 있는 특별한 물질이었다. 19세기 초에는 빛 에테르, 전기 에테르, 자기 에테르, 열 에테르 등이 있어서 그것들의 운동이 각각 빛, 전기, 자기, 열 현상을 일으킨다고 생각했다.

각각의 에테르가 어떻게 운동해서 해당 현상을 일으키는지에 대해서는 여러가지 설명이 있었다. 광학의 경우에는 '빛 에테르의 진동이 빛' 이라는 소위 빛의 파동설이 1820년대부터 정설로 자리잡았다. 열역학에서는 분자를 둘러싼 열 에테르의 소용돌이운동이 열이라는 설도 있었다. 이러한 설명방식에 따르면 온도가 높을수록 분자를 둘러싼 소용돌이의 회전속도가 빨라지고, 이로 인한 원심력의 증가로 소용돌이가 더 커지게 되는데, 이 소용돌이들은 서로 밀어내는 성질이 있기 때문에 온도가 올라가면 분자 사이의 거리가 멀어져서 부피가 커지는 현상도 설명할 수 있었다. 전기나 자기 에테르의 운동에 대해서는 유력한 설을 논하기 힘들 정도로 많은 주장들이 있었다.

그러나 1830년대 들어 에테르의 종류가 줄어들기 시작했다. 우선 이 무렵에 전기와 자기가 관련이 깊다는 것이 확실해졌다. 전류가 흐르는 전선 주변에서 나침반의 방향이 바뀌는 현상(전자석의 원리)과 전선 주변에서 자석을 움직이면 전선에 전류가 흐르는 현상

(발전기의 원리)이 발견된 것이다. 전기현상이 자기현상을 불러일으키고 자기현상이 전기현상을 만들어낼 수 있다는 것이 분명했다. 따라서 물리학자들은 전기 에테르와 자기 에테르는 같은 것이라고 가정했고 전기와 자기, 그리고 이들 사이의 관계를 연구하는 분야를 전자기학이라고 불렀다. 이로써 전기 에테르와 자기 에테르가 전자기 에테르로 합쳐졌다.

또한 1850년 이후에는 열이 분자를 둘러싼 열 에테르의 운동이 아니라 분자 자체의 운동에너지라는 것이 알려지면서 열 에테르를 믿는 물리학자들이 점차 사라졌다. 그리하여 1860년대 무렵에는 보통 물질, 빛 에테르 그리고 전자기 에테르라는 세 종류의 물질이 있다고 생각하게 되었다. 하지만 여전히 전자기 에테르의 성질은 어떠한지, 여러가지 전기 · 자기 현상이 전자기 에테르의 어떤 운동에 의해 생기는지에 대해서는 정설이 없었다.

이러한 상황에서 1860년대 후반 영국의 물리학자 맥스웰에 의해 전자기 에테르이론이 등장했다. 그는 자신의 전자기이론에 바탕해 전자기 에테르에도 파동이 생긴다는 것을 깨닫고 그 파동을 전자기파라고 예언했다. 맥스웰은 여러가지 물질의 전기적 성질과 자기적 성질에 대한 측정값에서 전자기파의 속도를 추정해보았는데, 그렇게 얻은 전자기파의 속도는 빛의 속도와 거의 비슷했다. 이 점에 착안한 맥스웰은 빛도 전자기파일 것이라고 주장했다.

맥스웰의 이론 외에도 유망한 전자기이론이 여럿 있었다. 예를 들어 전자기 힘과 전자기 위치에너지에 근거해서 현상을 설명하는 독일의 전자기이론들은 전자기파를 인정하지 않았다. 그래서 독일 물리학계의 대부인 헬름홀츠[2]는 1880년대 중반 수제자인 헤르츠에게 과연 어떤 전자기이론이 타당한지 검증하는 실험을 해보도록 했다. 바로 이 실험을 하던 도중에 헤르츠가 전파를 발견한 것이다. 전자기파를 예언한 전자기이론은 맥스웰의 이론뿐이었기 때문에 헤르츠의 전파 발견은 맥스웰의 전자기이론이 옳다는 것을 실험적으로 증명한 것으로 받아들여졌다. 게다가 헤르츠가 발견한 전파는 빛처럼 굴절과 회절을 일으키고 속도도 빛의 속도와 차이가 없었다. 그래서 대부분의 유럽 물리학자들은 전파의 발견은 곧 빛도 전자기파이고 빛 에테르와 전자기 에테르는 같은 것이라는 사실을 증명했다고 확신했다. 즉 헤르츠의 발견으로 인해 세상에는 보통 물질과 전자기 에테르, 두 종류만이 존재한다고 생각하게 되었다.

맥스웰의 이론이 확증되면서 예전부터 알려져 있던 사실들의 중요성이 새롭게 부각되었다. 그중 하나는 빛 에테르에 대한 보통 물질의 운동이 일으키는 효과를 측정할 수 없다는 것이다. 1887년 미국의 물리학자 마이켈슨[3]은 지구 공전방향의 광속과 그 직각방향의 광속이 얼마나 다른지 측정했다. 지구가 빛 에테르를 헤치며 움직인다고 생각했으므로 두 방향의 광속이 약간이나마 달라야 했다. 그러나 예상과는 달리 실험결과는 광속에는 아무런 차이가 없음을 보여주었다. 또한 이미 1851년에 프랑스의 피조가 서로 반대방향으로 흐르는 물 속에서 빛의 속도를 측정했는데, 여기서도 에테르가 있다면 반드시 검출되어야 할 광속의 차이가 나타나지 않았다.

네덜란드의 이론물리학자 로렌츠는 맥스웰의 이론을 이용해 마이켈슨의 실험결과를 설명하려고 노력했다. 그리하여 1892년 움직이는 물체는 전자기적 상호작용 때문에 그 운동방향으로 약간 수축한다는 '로렌츠의 수축가설'을 내놓았다. 한편 맥스웰의 추종자이던 영국의 톰슨은 1884년 흥미로운 계산결과를 발표했다. 그것은 전자기 에테르 속을 빠르게 운동하는 전하를 띤 입자는 그 질량이 늘어나는 효과를 보인다는 것이었다. 당시에는 맥스웰의 이론이 여러 경쟁 이론 중 하나에 불과했기 때문에 톰슨의 계산결과가 그다지 심각하게 받아들여지지 않았지만, 전파의 발견 이후에는 상황이 달라졌다.

19세기 말엽에는 전하를 띠고 있는 기본적인 물질 입자를 '전자'라고 보는 물리학자들이 세력을 넓혀가고 있었다.[4] 이들은 지구상의 물체는 언제나 전자기 에테르 속을 빠르게 헤쳐나가고 있으므로 물질에 포함된 전자의 질량은 톰슨의 계산이 보여준 것처럼 실제 질량보다 커 보일 것이라고 생각했다. 이 점을 깨달은 물리학자들 중 일부는 물질의 질량이란 것 자체도 원래 질량이 없는 전자가 전자기 에테르 속에서 움직이기 때문에 생겨나는 겉보기 현상에 불과할 수 있다고 추정했다. 만일 이 추정이 맞다면 광속의 차이가 검출되지 않는 수수께끼는 물질을 구성하는 전자와 에테르의 복잡한 상호작용 탓으로 자연스럽게 해결되고 질량과 중력도 맥스웰 전자기이론으로 설명할 수 있을 것이다. 그렇게 되면 모든 물리현상을 단 하나의 이론, 즉 전자기이론으로 설명해내는 위대한 성과를 거둘 수 있을 것이다.

이렇게 전자 개념과 전자기이론에 바탕해 모든 물리현상을 설명하려는 이론을 '전자이론'이라고 불렀는데, 1900년을 전후해서 전자이론에 힘을 실어주는 발견들이 속속 등장했다. 톰슨은 1897년부터 2, 3년간 실험을 거듭해 모든 보통 물질들 속에는 음전하를 띤 아주 작고 가벼운 입자가 공통적으로 존재한다는 사실을 확증했다. 톰슨은 이를 단지 '입자'라고 불렀지만, 다른 물리학자들은 이 입자야말로 그동안 존재할 것이라고 믿어온 전자라고 생각했다(톰슨이 발견한 '입자'가 바로 오늘날의 전자이다).

이후 1900년에는 방사선들 중 베타선[5]이 고속으로 날아가는 전자들의 흐름이라는 사실이 밝혀졌다. 아주 빠른 경우 베타선의 전자는 광속의 1/3에 달할 정도이기 때문에 베타선에 대한 실험을 통해서 전자의 질량이 외견상 증가하는 현상이 어렵지 않게 확인되었다. 이러한 발견들 이후 전자기이론을 모든 물리학의 근본으로 삼으려는 전자이론은 대세가 되었다.

'로렌츠의 수축가설'을 내놓은 로렌츠와 독일의 아브라함[6]은 이러한 전자이론의 선두주자였다. 아브라함은 전자는 단단한 공과 같은 것으로 언제나 공 모양을 유지한다는 이론을, 로렌츠는 1904년에 정지상태의 전자는 공 모양이지만 운동할 때는 럭비공 모양으로 찌그러진다는 이론을 내놓았다. 곧 이어 1904년과 1905년에는 독일과 프랑스에서 각각 운동하는 전자는 찌그러지지만 부피만큼은 언제나 똑같다는 이론도 나왔다. 베타선에서 나타나는 전자의 질량 증가를 측정한 실험결과들은 아브라함의 이론이 예측한 바와 대체적으로 들어맞았다. 다만 그 실험에서는 오차도 컸고, 로렌츠나 다른 사람들의 예측치와 그다지 크게 차이나지 않았다. 그래서 여러 실험물리학자들이 베타선 전자의 질량 증가를 좀더 정밀하게 측정하는 실험을 준비하고 있었는데, 바로 그 무렵 아인슈타인의 논문 「움직이는 물체의 전기역학에 관하여」가 출판된 것이다.

3

1897년 아라우, 최초의 착상

아인슈타인이 후일 특수상대성이론으로 이어지는 문제를 처음 깨달은 것은 자유로운 분위기의 아라우에서였다. 그는 아라우에서 졸업시험 겸 스위스연방공과대학 입학시험을 위해 물리학 교과서를 공부하다가 맥스웰의 이론과 갈릴레오 이래의 상대운동의 원리 사이에 뭔가 문제가 있다고 생각하기 시작했다.

아인슈타인이 공부하던 교과서는 상대운동의 원리와 관성의 원리를 기초로 물체의 운동법칙들을 설명했다. 지금은 '상대성'이라고 하면 대개 아인슈타인의 상대성이론을 뜻하지만 아인슈타인의 이론에 그런 이름이 붙은 것은 나중의 일이고, 여기서 말하는 '상대운동의 원리' 또는 '운동의 상대성'은 17세기 초반에 갈릴레오가 처음 제시하고 데까르뜨를 거쳐 뉴턴 역학에 정착된 생각이다. 그래서 이 상대성을 '갈릴레오 상대성'이라고도 부른다.

갈릴레오 상대성을 쉽게 예를 들어 설명하면 다음과 같다. 쭉 뻗은 고속도로에서 갈릴레오가 초속 30m(시속 108km)로, 날릴레오가 초속 40m로, 달릴레오가 초속 50m로 달려가고 있다고 가정하자. 그러면 갈릴레오가 보기에 자기보다 앞서가는 달릴레오는 초속 20m만큼 빨리 달린다. 날릴레오가 볼 때 갈릴레오는 뒤쳐지고 달릴레오는 앞서가지만 갈릴레오와 달릴레오의 속도 차이가 초속 20m라는 점은 마찬가지다. 이런 상황을 갈릴레오 기준으로는 날릴레오의 속도는 초속 10m, 달릴레오의 속도는 초속 20m이고, 날릴레오 기준으로는 갈릴레오의 속도는 초속 −10m, 달릴레오의 속도는 초속 10m라고 할 수 있다.

조금 더 복잡한 예를 들어보자. 앞의 예에서 날릴레오가 자기 차 안에서 1kg의 물체를 1N의 힘으로 1초 동안 마찰 없는 평면에서 앞쪽으로 밀었다고 하자. 그러면 날릴레오는 그 물체가 자기 차 안에서 1초 동안 0.5m 전진했고, 그 속도는 처음에는 초속 0m였다가 1초 후에는 초속 1m가 되었다고 관찰한다. 그런데 이 물체를 갈릴레오가 보면, 그 물체의 속도는 처음에는 초속 10m였다가 1초 후에는 초속 11m가 되었고, 그 사이에 물체는 10.5m를 전진했다. 달릴레오가 보기에 그 물체의 속도는 처음에는 초속 −10m였다가 나중에는 초속 −9m가 된다. 그리고 그 사이에 날릴레오는 10m만큼 뒤쳐졌지만, 날릴레오가 민 물체는 9.5m만큼 뒤쳐진다. 이렇듯 누가 관측하는지에 따라 누가 앞서가고 누가 뒤쳐지는지, 또 측정한 속도의 숫자값들은 달라지지만 갈릴레오, 날릴레오와 그가 밀고 있는 물체,

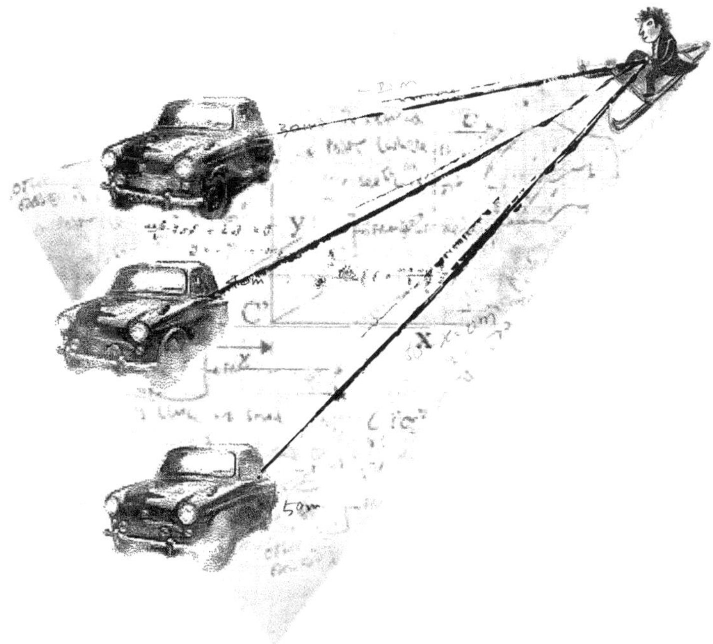

달릴레오의 속도들 사이의 관계는 달라지지 않는다.

여기에 만일 날릴레오가 민 물체의 질량이 1kg이라는 것을 갈릴레오와 달릴레오가 알면, 두 사람 모두 자기가 측정한 속도값에 뉴턴의 두번째 운동법칙(F=ma)을 적용해 날릴레오가 물체를 민 힘의 크기가 1N이라는 것을 계산할 수 있다. 결국 운동의 '상대성'이란 등속직선운동하는 관찰자들이 측정한 관찰값들은 다를지라도 그 숫자들 사이에 성립하는 상관관계(즉 물리법칙)는 동일하다는 뜻이 된다.

이때 갈릴레오가 얻은 숫자들을 그 숫자들 사이의 상관관계는 그대로 유지하면서 날릴레오가 얻은 숫자들로 바꾸어주는 규칙이 있다. 이 규칙을 '갈릴레오 변환식'이라고 부르는데, 이름은 대단해 보이지만 내용은 너무나 당연하다.

날릴레오를 기준으로 잰 위치 = 갈릴레오를 기준으로 잰 위치
+ 갈릴레오와 날릴레오 사이의 거리
날릴레오가 측정한 속도 = 갈릴레오가 측정한 속도
+ (갈릴레오의 이동속도 − 날릴레오의 이동속도)
날릴레오가 측정한 시간 = 갈릴레오가 측정한 시간[7]

수식으로 쓰면 복잡해 보이지만 가만히 따져보면 아주 상식적인 덧셈 뺄셈에 불과하다.

정리하면, 관찰자가 어떤 속도로 직선등속운동하면서 관찰하는지에 따라 관찰값들이 달라지지만, 그 관찰값들 사이의 관계(물리법칙)는 달라지지 않고, 느린 관찰자의 관찰값에 간단한 덧뺄셈(갈릴레오 변환식)을 적용하면 빠른 관찰자의 관찰값이 나온다는 것이 갈릴레오 상대성의 내용이다.

1949년에 아인슈타인은 자신이 아라우에서 갈릴레오의 상대운동의 원리와 맥스웰 전자기이론 사이에 뭔가 문제가 있다는 점을 깨달았다고 회고했다. 헤르츠의 전파 발견은 대사건이었고, 곧 이어 마르꼬니가 전파를 이용한 무선전신을 발명해서 많은 관심을 끌던 때였으니, 소년 아인슈타인처럼 발전설비업자 집안 출신으로 물리학

에 관심 많은 사람이 맥스웰의 이론에 대해 웬만큼 알고 있는 것은 당연한 시절이었다. 그의 회고를 직접 들어보자.

> 만일 내가 빛과 같은 속도로 운동하면서 빛을 바라본다면 나는 빛을 (널리 퍼져나가는 전자기파가 아니라) 제자리에서 (진동하기만 하는) 전자기장으로 관찰할 수 있을 것이다. 하지만 실험(결과들)이나 맥스웰 방정식으로 미루어볼 때 그런 현상은 없다. 빛의 속도로 운동하는 관찰자의 시점에서도 모든 현상이 지상에 정지해 있는 관찰자가 보는 것과 같은 법칙에 따라 일어나야 한다는 것이 나에게는 처음부터 직관적으로 분명해 보였다. 왜냐하면 (갈릴레오의 상대운동의 원리에 따르면) 빛의 속도로 운동하는 관찰자는 자신이 아주 빠른 등속운동을 한다는 것을 알거나 판단할 방법이 없기 때문이다.

즉 빛은 널리 퍼져나가는 에테르의 파동이므로 빛을 똑같은 속도로 따라가며 관찰하면 제자리에서 흔들리는 에테르의 진동운동이 보여야 했다. 하지만 그런 현상은 관찰된 적도 없었고, 맥스웰 이론에 따르면 있을 수도 없었다. 소년 아인슈타인은 아직 왜 이런 모순이 생기는지 이해할 수 없었지만, 어쨌든 물리학의 근본 전제인 상대운동의 원리와 전자기이론 사이에 뭔가 문제가 있다고 생각하기 시작했다.

4

에테르에 대한 의심

1896년 1월 아인슈타인은 독일 국적을 버리고 무국적자가 되었고, 가을에 쮜리히의 스위스연방공과대학에 입학했다. 연방공과대학에서 아인슈타인은 같은 과의 그로스만, 마리치 그리고 기계공학을 전공하는 베쏘 등과 친구가 되었다.

대학에서도 아인슈타인의 학업은 정해진 과정을 충실히 따르는 것과는 거리가 멀었다. 당시 연방공과대학에는 유명한 수학자 민꼬프스끼가 수학 교수로 있었는데, 아인슈타인은 남들처럼 민꼬프스끼의 강의를 신청해놓고도 수업에 자주 빠져서 학점을 받지 못했다. 그는 대부분의 시간을 물리실험실에서 보냈다. 스스로도 "나는 직접 관찰과 직접 접촉에 매혹되어서 대부분의 시간을 물리실험실에서 보냈다"라고 대학시절을 회상할 정도였다. 실험물리학 담당인 베버 교수는 아인슈타인이 처음 연방공과대학에 입학하려고 했을 때 그를 좋게 본 사람이었다. 자연히 베버 교수와 아인슈타인의 관계는 부드럽게 출발했다. 하지만 졸업 무렵에는 사이가 나빠져 있었다. 베버는 아인슈타인에게 다음과 같이 말했다고 전해진다. "너는 똑똑한 녀석이야, 아인슈타인. 정말 똑똑하지. 하지만 큰 문제가 있어. 너는 어떤 충고도 받아들이질 않아."

대학에서 아인슈타인의 물리 공부는 주로 실험과 독서를 통해 이루어졌다. 그는 스스로 중요하다고 판단한 분야는 정규 교과과정 이상으로 열심히 공부했다. 아인슈타인은 헤르츠와 헬름홀츠의 책을 공부했고, 지금은 잘 알려져 있지 않은 푀플이 1894년에 출판한 해설서를 통해 맥스웰의 이론을 공부했다(맥스웰의 책은 난해해서 학생이 독학하기 어려웠다). 로렌츠와 볼츠만의 논문도 몇편 공부했고 마흐[8]의 역학서도 읽었다.

이 무렵 아인슈타인은 당시의 전자기이론에 뭔가 문제가 있다는 확신을 점점 더 굳혀갔다. 여기에 가장 큰 영향을 미친 것은 푀플과 마흐인 것으로 보인다. 마흐는 역학의 여러 개념들에 대해 독특하고 때로는 웅장한 주장들을 펼쳤는데, 그런 주장들의 내용보다는 뉴턴의 절대시공간 같은 형이상학적인 개념을 비판하는 마흐의 태도가 아인슈타인에게 감명을 주었다. 후일 아인슈타인은 마흐의 『역학』에 대해 "기본 개념과 기본 법칙에 대한 비판적 태도를 통해 나에게 깊고 지속적인 인상을 남겼다"라고 술회했다. 그런데 사실 이런 태도는 앞서 보았듯이 아라우 시절의 아인슈타인에게서도 나타난 것이다. 즉 마흐의 역학 교과서는 기본 개념의 근거를 끝까지 따져보려는 아인슈타인의 성향을 더 강화해준 것이다.

푀플은 원래 라이프찌히대학에서 토목공학을 전공하고 1892년부터 같은 대학에서 농기구에 관한 강의를 맡은 공학자였는데, 스스로 별 재미를 느끼지 못하는 강의를 해야 하는 지루함에서 벗어나기 위해 여가시간을 이용해 책을 한권 쓰기 시작했다. 이 책은 1894년에 『맥스웰의 전기이론 입문』이라는 제목으로 출판되어 대단한 성공을 거두었다. 푀플이 사망한 다음에는 아브라함과 다른 물리학자의 공저로 계속 개정판이 나와서 1924년까지 10만부 이상 팔릴 정도였다. 맥스웰의 책은 너무 어려웠고, 헤르츠나 로렌츠의 논저들은 최신 연구성과와 전문적인 응용에 중점을 두고 있었지만, 푀플의 책은 공학도들을 대상으로 맥스웰의 전자기이론을 간명하고 핵심적으로 설명했다. 푀플은 자신이 쓴 책의 목적이 "맥스웰 이론의 개념과 고찰을 명료하게 이해하게 함으로써 독자들이 스스로 독자적인 연구를 할 수 있는 능력을 갖추게 하는 것"이라고 밝혔다.

개념부터 명료하게 이해하자는 푀플의 의도는 아인슈타인의 성향과 잘 맞는 것이었다. 더구나 발전설비업자의 집안에서 태어나 기계나 전기회로에 익숙했고 유클리드기하학의 명료하고 분명함에 깊은 감명을 받은 적이 있는 아인슈타인에게는 맥스웰이나 헤르츠의 논저보다는 공학자를 대상으로 한 푀플의 책이 훌륭한 교과서 노릇을 했다. 푀플의 교과서가 아인슈타인에게 남긴 영향은 특수상대성 논문에서도 직접 확인할 수 있다. 푀플 책의 제5부 제목은 '움직이는 도체의 전기역학'인데 '도체' 대신에 '물체'를 넣고 '대하여'를 끝에 붙이면 바로 아인슈타인의 특수상대성 논문의 제목이 되는 것이다. 뿐만 아니라 푀플은 제5부 첫 장에서 다음과 같은 주의를 주었다.

> 상대운동에 대한 운동학의 법칙을 사용할 때는 특히 조심해야 한다. 예를 들어 자석이 멈춰 있는 전기회로 속으로 움직이거나 자석이 멈춰 있을 때 전기회로가 움직이는 것이 똑같은 현상이라는 생각이 선험적으로 확립된 것으로 보아서는 안된다.

이는 아인슈타인이 특수상대성 논문의 서론에서 기존 전자기이론의 중대한 결함이라고 지적한 바로 그 문제였다. 아인슈타인은 발전기의 예를 들면서 자석이 멈춰 있고 전기회로가 움직이는 경우와 멈춰 있는 전기회로 속에서 자석이 움직이는 경우를 구별하는 것이 상대운동의 원리와 모순된다고 주장한 것이다.[9] 아인슈타인의 관심을 사로잡은 자석과 전기회로의 상대운동 문제는 헤르츠나 로렌츠의 책 같은 고급 교과서에는 등장하지 않고 푀플의 교과서에서만 볼 수 있었다.

그렇다고 아인슈타인이 푀플이 설명한 전자기학을 그대로 받아들인 것은 아니었다. 아인슈타인은 푀플의 설명들을 비판적으로 소화했다. 예를 들어, 푀플은 맥스웰 이론을 나름대로 간명하게 설명하기 위해 절대운동 개념을 도입하고 절대운동은 "그 물체와 무관하게 멀리 있는 에테르에 대해 물체가 행하는 운동으로 이해되어야 한다"라고 주장했다. 하지만 아인슈타인은 이 주장을 뒤집어 에테르 개념에 문제가 있다는 뜻으로 받아들였다. 만일 푀플이 설명한 대로 에테르와 절대운동 개념이 밀접한 관계가 있다면, 절대운동은 상대운동의 원리와 모순되므로 에테르 개념은 운동의 상대성과 모순되는 것이었다.

사실 19세기 내내 에테르는 직접 관찰할 수 없으면서도 그것의 운동이 보통 물체에 미치는 효과는 관찰된다고 간주되었다. 그렇다면 근거가 모호한 에테르 개념을 굳이 물리학에 도입할 필요가 있을까? 아인슈타인은 대학 4학년이 되던 1899년 9월경 에테르 개념이 불필요하다는 생각을 굳힌 것 같다. 그는 어느덧 애인이 된 밀레바 마리치에게 보낸 편지에서 "나는 점점 더 운동하는 물체의 전기동역학이 현재의 형태로는 정확하지 않다고 확신하게 되었다. 그리고 그것을 좀더 간단한 형태로 바꿀 수 있다고 생각한다. 에테르라는 용어의 도입은 대상의 물리적 의미를 부여하지 않은 채 그 운동에 대해 이야기하는 결과를 가져왔다"라고 썼다.

아인슈타인이 에테르가 존재하지 않을 것이라고 확신한 이유는 개념의 근거가 모호하다는 점 외에도 빛을 포함한 전자기파의 속도가 변하는 현상이 관찰되지 않는다는 점도 있었다. 전자이론의 대가인 빌헬름 빈[10]은 빛을 포함한 전자기파들의 속도가 변하는 것을 검출하지 못한 실험 열세가지를 정리, 소개하는 논문을 발표했는데, 아인슈타인은 이 논문을 감명깊게 읽었다.

사랑에 빠진 야심만만한 청년이 대개 그렇듯이 아인슈타인은 마리치에게 자신이 생각하는 바를 자주 이야기했고 1899년 가을에는 마리치가 잠시 다른 대학에서 공부하고 있어서 편지를 통해 자신의 생각과 근황을 전했다. 앞서 인용한 에테르의 불필요성에 대한 편지도 그해 9월에 쓴 것이고, 같은 달의 다른 편지에서는 아라우에서 한 생각, 즉 빛을 광속으로 따라가며 전자기장을 관찰하는 사고실험 이야기도 썼다. 그리고 10월에 쓴 편지에서는 빈이 쓴 논문을 읽고 빈에게 편지했다고 적고 있다. 빈에게 보낸 편지가 남아 있지 않아 정확한 내용은 알 수 없지만, 마리치에게 쓴 이야기로 미루어보아 그는 지도교수인 베버가 빛 에테르에 대한 보통 물질의 운동을 제대로 다루지 않는다고 불만에 가득 차 있었다. 어쨌든 이 편지 덕분에 아인슈타인이 늦어도 1899년 가을에는 빛(그리고 전자기파)의 속도 변화를 검출하려는 갖가지 실험들이 전부 실패했다는 점을 중요하게 여기고 있었다는 것을 확인할 수 있다. 널리 알려진 것과는 달리 마이켈슨-몰리 실험은 아인슈타인에게 큰 영향을 주지 않았다. 아인슈타인에게 그 실험은 여러 실험들 중 하나였을 뿐이다. 그보다는 1851년 피조의 실험이 아인슈타인에게 더 큰 인상을 남겼다.

아인슈타인이 자신의 흥미를 깊이 탐구할 수 있었던 이유는 연방공과대학 최종 졸업시험을 통과하는 것 외에는 다른 것들에 대한 부담이 전혀 없어서였다. 시험 몇달 전까지 철저히 자유를 누린 아인슈타인은 절친한 친구이던 그로스만의 노트를 빌려서 공부한 덕분에 1900년 8월 졸업시험을 통과했다. 12월에는 분자 사이의 힘에 대한 논문을 독일에서 가장 저명한 물리 학술지이던 『물리학 연보』에 투고해 다음해 출판했다.[11] 또 1901년 2월 21일에는 스위스에 귀화해 무국적자 상태에서 벗어났다(그후 아인슈타인은 죽을 때까지 스위스 국적을 유지했다).

아인슈타인이 얼마나 지독하게 전자기학 문제에 빠져 있었는지는 그가 졸업 이후 겪은 극도의 어려움 속에서 잘 드러난다. 연방공과대학 졸업자로서 아인슈타인은 자동적으로 스위스 고등학교의 교사자격을 획득했지만 한동안 실업자였다. 그와 베버 교수의 관계가 아주 나빠졌기 때문에 1900년 졸업자 중 아인슈타인만 조교가 되지 못했고, 1901년에는 베버 교수 밑에서 박사학위 받는 것을 포기할 수밖에 없었다. 그 무렵 아인슈타인은 『물리학 연보』의 편집인인 드루데[12]에게 은근히 취직을 부탁했다가 냉담한 답장을 받기도 했다. 할 수 없이 아인슈타인은 1901년 5월부터 고등학교 임시교사로 전전하면서 쮜리히대학 물리학과에 논문을 제출해서 박사학위를 받으려고 준비했다.

이런 와중에도 아인슈타인은 오래 전부터 고심해온 전자기학 문제를 계속 궁리하고 있었다. 9월에는 친구인 그로스만에게 빛 에테르에 대한 보통 물체의 상대운동을 연구할 상당히 간단한 실험방법이 떠올랐다고 편지했고, 10월에는 마리치에게 보낸 편지에서 쮜리히대학의 한 물리학과 교수가 아인슈타인이 생각해낸 실험방법이 가장 간단하고 적절한 것이라고 평하며 출판을 권했다고 말하기도 했다(하지만 그의 생각은 논문으로 발표되지 못했고, 어떤 착상이었는지 남아 있지도 않다). 아인슈타인은 1901년 11월 쮜리히대학에 제출한 첫번째 박사학위 청구 논문에서 기체분자운동론을 다루면서, 그 분야의 대가인 볼츠만을 너무 과격하게 비판했다는 평을 받고 이를 자진철회했다. 그렇지만 포기할 줄 모르는 아인슈타인은 여기에 실망하지 않고 12월에는 로렌츠와 드루데의 최신 논문들을 구해 공부할 계획을 세우기도 했다.

5

베른의 특허국에서

1902년 봄부터 아인슈타인의 형편은 약간 좋아졌다. 절친한 친구이던 베쏘 집안의 연줄로 베른에 있는 스위스연방 특허국에 채용이 결정되어 2월에 임시교사직을 그만두고 베른으로 이주했다. 6월에 특허국 3등심사관에 임시직으로 채용되었는데, 특허국의 상사는 아인슈타인에게 도면 읽는 법을 서둘러 익힐 것과 발명가의 논리 중 잘못된 점을 찾아내는 방식으로 특허 청구 서류를 검토하는 습관을 들일 것을 요구했다. 실험과 개념 검토를 즐겨 하던 공장집 아들 아인슈타인에게 그런 일은 어렵지 않았다. 그는 1904년 9월에 정규직으로 전환되었으며, 이때 상사가 기록한 인사서류에는 아인슈타인이 기계기술에 정통해지면 승진시킬 것이라고 적혀 있었다. 1906년 4월에 2등심사관으로 승진되었을 때 이미 아인슈타인은 기계기술에 대해서 "특허국에서 가장 존경받는 전문가에 속한다"라는 평가를 받았다.

아인슈타인은 베른에서 특허국 업무뿐만 아니라 사회생활 면에서도 잘 적응한 것 같다. 베쏘가 같이 특허국에서 근무했고, 새로운 친구들도 생겼다. 아인슈타인은 그 친구들과 '올림피아 아카데미'라는 모임을 만들어 토론을 즐겼다. 1903년 가족의 반대를 무릅쓰고 마리치와 올린 조촐한 결혼식에는 이 친구들만이 증인으로 참석했다. 올림피아 아카데미의 토론은 대개 저녁을 먹으면서 시작했다가 논쟁에 불이 붙으면 밤새도록 지속되는 일이 비일비재했다.

이 무렵 아인슈타인이 전자기학 문제를 어떤 형태로 생각하고 있었는지, 문제 해결에 얼마나 진전을 보았는지에 관해서는 남아 있는 자료가 거의 없다. 그렇지만 분명한 것은 아인슈타인이 전자기학 문제를 손에서 놓지 않았다는 것이다. 그는 1903년 5월 베른의 지방학회에 가입했는데, 그해 가을 학회에서 전자기학이론에 대해 발표했다는 기록이 남아 있다. 또한 1904년 말이나 1905년 초쯤에 빛의 속도가 관찰자에 따라서 달라질 수 있다는 새로운 이론을 세우기도 했다. 하지만 곧 아인슈타인은 새 이론의 문제점을 깨달았다. 갖가지 광원에서 오는 빛의 속도가 제각기 달리 관찰된다면 일관성 있는 물리이론을 만들어낼 수 없었다. 그래서 아인슈타인은 진공 중에서 빛의 속도는 그 어떤 상황에서도, 어떤 방향으로도 항상 일정해야 한다고 결론을 내렸다. 그리고 1905년 3월에 유명한 광량자(빛알) 가설(photon hypothesis)[13]에 대한 논문을 『물리학 연보』에 투고했다. 100년 가까이 정설로 인정된 빛의 파동설을 정면으로 비판하고 빛이 광량자라는 입자로 구성되어 있다고 주장한 이 논문은 나중에 그에게 노벨상의 영예를 안겨주었지만 처음에는 철저히 무시되었다.

6

시계 맞추기

아인슈타인이 1904년 말에서 1905년 초 사이에 빛의 속도가 진공

중에서는 항상 일정하다고 확신하게 된 것은 일단은 진전이었지만 그렇다고 문제가 해결된 것은 결코 아니었다. 왜냐하면 갈릴레오 상대성을 광속 문제에 적용할 경우 정지한 관측자와 운동하는 관측자가 빛의 속도를 서로 다르게 관측해야 하기 때문이다. 앞에서도 언급했지만 그때까지의 실험결과들은 물론 이런 속도 차이를 검출하지 못했다. 로렌츠가 1904년에 제안한 로렌츠 변환식을 사용하면 광속이 언제나 일정하게 관측되는 이유를 설명할 수 있었다. 하지만 당시의 아인슈타인은 로렌츠 변환식을 몰랐다. 게다가 로렌츠 변환식은 고속으로 움직이는 두 전하 사이에 전자기력이 작용할 때 적용되는 변환식이었을 뿐 전하가 없는 물체들 사이에는 적용할 수 없었다. 그러므로 설사 아인슈타인이 로렌츠 변환식을 알고 있었다 하더라도 그것을 전하가 있든 없든 언제나 성립해야 하는 물리법칙의 상대성 문제에 곧바로 적용할 수는 없었을 것이다.

아라우에서 떠올린 어렴풋한 착상은 몇년간에 걸친 여러 차례의 시도를 통해 1905년 봄에 그 형태가 뚜렷해졌다. 갈릴레오 상대성과 빛의 속도가 일정하다는 사실 사이에 모순이 있는 것이 분명했다. 하지만 둘 중 어느것도 포기할 수 없었다. 일정한 빛의 속도는 19세기 후반부터 거듭된 실험을 통해 새롭게 확립된 엄연한 사실이었고, 갈릴레오 상대성은 무수한 경험을 통해 물리학의 원리로 자리잡은 것이었다. 도저히 이 딜레마를 해결할 방법이 보이지 않았다.

그러나 해결책은 바람과 같이 찾아왔다. 1922년 쿄오또대학에서 행한 강연에 따르면, 1905년 5월 초에 아인슈타인은 근무가 끝난 뒤 베쏘를 찾아가 다음과 같이 말했다고 한다. "요즘 골치아픈 문제를 생각하고 있어. 오늘 자네랑 그 문제를 좀 따져보려고 왔지." 그리고 베쏘와 구석구석 그 문제에 대해 한참 토론을 하고 돌아갔다. 다음날 아인슈타인이 베쏘를 찾아가 인사도 않고 맨 먼저 꺼낸 말은 "고마워, 그 문제 완전히 다 풀렸어"였다.

아인슈타인이 문제를 해결한 결정적인 계기는 그때까지 당연하게 여긴 생각, 즉 정지한 사람이 관측한 시간과 움직이는 사람이 관측한 시간이 똑같다는 생각에 문제가 있다는 점을 깨달은 것에 있었다. 앞에서 든 갈릴레오, 날릴레오, 달릴레오의 예에서 우리는 (너무도 당연히) 날릴레오가 측정한 1초와 갈릴레오가 측정한 1초가 같다고 보았다. 하지만 날릴레오와 갈릴레오는 자신들이 측정한 1초가 똑같다는 것을 어떻게 알 수 있을까?

대부분의 사람들은 날릴레오와 갈릴레오가 측정한 1초가 당연히 똑같다고 생각할 터이지만, 아인슈타인과 베쏘가 근무하던 1905년 무렵의 스위스 특허국에서는 이런 식의 시간 문제가 그렇게 당연한 문제가 아니었다. 당시 특허국에 자주 제출되던 특허들 중에는 열차 시간표를 정확히 맞추기 위해 멀리 떨어져 있는 기차역의 시계들이 정확히 같은 시간을 가리키게 하는 방법에 관한 것들이 많았다. 예를 들어 베른역의 시계가 1시를 가리키는 바로 그 순간에 쮜리히역의 시계도 1시를 가리키는지 아닌지는 베른역의 시계만으로는 도저히 알 수 없었다. 이것을 확인하려면 베른역의 시계가 1시를 가리키는 순간 쮜리히역으로 신호를 보내고, 잠시 후 신호를 받은 쮜리히역에서 그곳의 시계가 가리키는 시각을 베른역으로 보내는 방법을 취해야 했다. 즉 베른역의 신호가 쮜리히역 시계로 1시 1초에 쮜리히역에 도착하고, 쮜리히역에서 보내는 답신이 1시 2초에 베른역에 도착하면 베른역에서 쮜리히역으로 신호가 가는 데 걸리는 시간이나 쮜리히역에서 베른역으로 신호가 오는 데 걸리는 시간이 같을 테니까 베른역과 쮜리히역의 시계가 동시에 1시를 가리켰다고 확인할 수 있는 것이다. 다시 베른역 시간으로 2시에 같은 일을 해서 쮜리히역의 시계가 여전히 베른역의 시계와 같은 시각을 가리키고 있다는 것을 확인하면 두 역의 시계가 같은 속도로 돌아간다는 것도 확인할 수 있다. 출원된 특허들은 전부 이런 원리를 이용하고 있었다. 아인쉬타인은 베쏘와 대화하다가 "결국 시간은 시계로 측정되는 것"이라는 점에 생각이 미친 것이다.

그렇다면 정지해 있는 사람에게 일어난 사건과 움직이는 사람에게 일어난 사건이 동시에 일어났는지 아닌지를 판정하려면 두 사람이 지닌 시계를 맞추어야 한다. 그런데 베른역과 쮜리히역의 거리는 변하지 않지만 정지한 사람과 움직이는 사람 사이의 거리는 계속 변한다. 즉 정지한 좌표계와 움직이는 좌표계 사이에서 '동시'를 판정하는 일은 두 좌표계 사이의 거리가 계속 변한다는 점을 감안해야 한다. 아인슈타인은 동시성 개념에 문제가 있다는 것을 깨달았고 그

시간 개념의 재구성을 통한 빛의 속도 문제 해결

시간의 문제와 빛의 속도의 문제가 어떻게 연관되어 있는지 여기서 좀더 상세히 설명해보자. 1949년에 출판된 아인슈타인의 『자서전적 회고』에 따르면, 아인슈타인은 1905년 당시에 이미 다음과 같은 결론에 이르렀다.

> 고전역학에서 사용되는 사건에 대한 공간좌표와 시간 사이의 연결 규칙에 따르면, 어느 한 관성계에서 다른 관성계로 넘어갈 때 다음과 같은 두 가정은 서로 양립할 수 없다.
>
> ① 빛의 속도가 어느 관성계에서나 똑같다는 가정.
>
> ② 물리법칙이 좌표계의 선택에 따라 달라지지 않는다는 가정(특수상대성원리).
>
> 그런데 실험에 바탕을 두면 이 두 가정 모두 개별적으로 인정되어야 한다.

이 모순을 어떻게 해결할 수 있을까? 문제는 빛의 속도라는 개념이었다. 빛의 속도는 선택된 두 점 사이에서 빛이 지나간 거리를 구하고 그동안 경과한 시간을 구한 후 거리를 경과시간으로 나누면 얻을 수 있다. 그런데 만일 서로 떨어져 있는 두 관성계의 시간이 똑같지 않다면 어떻게 될까? 어느 한 관성계에서 '동시'라고 말할 수 있는 사건이 다른 관성계에서는 '동시'가 될 수 없다면 앞의 두 가정 사이의 모순을 해결할 수 있지 않을까? 간단히 이야기해서 한 관성계의 시간 t와 다른 관성계의 시간 t'이 갈릴레오 변환식에서처럼 $t=t'$이 아니라면?

아인슈타인은 두 관성계 사이의 관계가 갈릴레오 변환식으로 연결되리라는 암묵적인 가정이 문제를 일으켰다는 것을 깨달았다. 그렇다면 이제 두 관성계에서 '동시'라는 것이 어떻게 정의되어야 하는지 처음부터 다시 검토하고, 여기에 맞추어서 새로운 변환식 또는 새로운 속도의 덧셈 규칙을 유도하면 문제가 깨끗이 해결된다.

아인슈타인의 「움직이는 물체의 전기역학에 관하여」의 제1부는 바로 이 점을 설명하고 있다. 그 과정에서 유도되는 새로운 변환식은 다름 아닌 로렌츠 변환식과 형태가 동일한 것이었다. 논문의 제2부는 이러한 기초적인 준비작업을 전자기학과 광학에 적용해 기존에 나타난 문제점을 모두 해결할 수 있다는 것을 설명하고 있다. 요컨대 논문의 논리적 구성과 훗날의 회고로 볼 때, 아인슈타인이 특수상대성이론을 만들어내게 된 데는 빛의 속도에 관한 가정과 물리법칙이 관찰자에 따라 달라지지 않는다는 가정 사이에 발생하는 충돌을 해결하기 위해 시간(동시성)이라는 개념을 치밀하게 검토한 것이 결정적이었다.

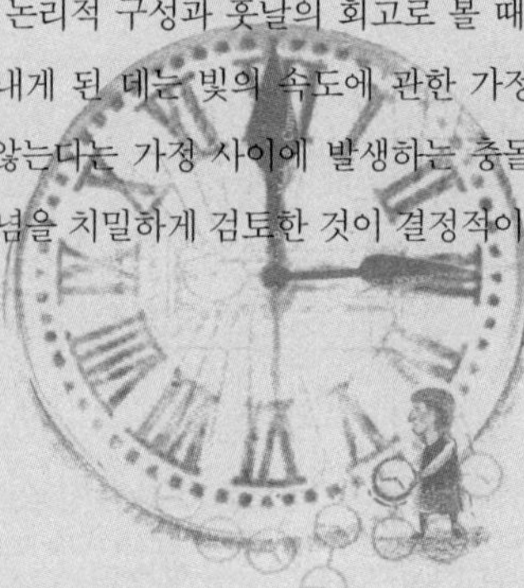

렇다면 상대운동의 원리를 지키기 위해 사용할 변환식은 갈릴레오 변환식이 아닌 다른 변환식이어야 한다는 생각을 떠올렸다. 아마 동시성 개념에 문제가 있다는 생각과 다른 변환식을 만들어 사용해야 한다는 생각이 거의 동시에 떠올랐을 것이다.

7

특수상대성이론, 탄생하다

베쏘와 대화한 지 5주 만에 「움직이는 물체의 전기역학에 관하여」가 완성되었다. 아인슈타인은 논문의 서두에서 일단 전자기유도(발전기의 원리)의 패러독스를 언급하고, 그런 문제가 발생하지 않는 전자기이론을 맥스웰 이론에서 상대성의 원리(등속직선운동을 해도 똑같은 물리법칙이 적용된다)와 광속불변의 원리를 이용해 만들어낼 수 있다고 선언했다.

아인슈타인이 이러한 전자기이론을 세우기 위해 논문의 제1부에서 제일 먼저 한 작업은 두 지점의 시각이 일치하는지 여부를 확인하는 방법을 제시하는 것이었다.[14] 아인슈타인은 한 지점의 시간은 시계로 측정되는 것이라고 정의하고, 수평으로 놓여 있는 막대기의 양 끝에 시계가 놓여 있다고 가정했다. 양 끝에서 빛으로 신호를 주고받으면서 베른역과 쮜리히역의 시계들을 맞추는 방법을 사용하면 막대기의 양 끝에 놓인 시계가 항상 같은 시각을 가리키게 할 수 있다.

그런 다음 아인슈타인은 이 막대기가 일정한 속도로 오른쪽으로 움직이는 경우를 생각했다. 막대기의 왼쪽 끝에 매달려서 막대기와 같이 오른쪽으로 움직이는 사람이 볼 때, 왼쪽 끝에서 출발한 빛이 오른쪽 끝의 시계에 도달하는 시간과 거기서 반사된 빛이 왼쪽 끝으로 되돌아오는 시간이 같으면 양끝에 달린 시계는 같은 시각을 가리키고 있는 것이다(앞에서 이야기한 두 역의 시계를 맞추는 경우를 생각하라). 광속불변의 원리에 따라 일정한 속도로 움직일 때나 정지해 있을 때 모두 빛의 속도는 일정하므로 이렇게 시계를 맞추면 막대기가 정지해 있을 때 시계를 맞추는 것과 마찬가지이다. 그렇지만 막대기를 따라 움직이지 않고 정지해 있는 관찰자에게는 다른 현상이 관측된다. 정지해 있는 사람이 관측할 때는 막대기의 왼쪽에서 출발해 오른쪽 끝까지 빛이 나아간 거리는 막대기가 이동한 거리만큼 늘어나고, 되돌아올 때는 다시 막대기가 이동한 거리만큼 줄어든 셈이 된다. 두 지점의 시계를 맞추려면 빛이 오른쪽으로 간 거리와 왼쪽으로 돌아온 거리가 같아야 하는데, 정지해 있는 관찰자에게는 그렇지 않은 것이다. 따라서 막대기에 매달려 움직이는 사람이 보기에 막대기 양 끝에 달린 시계들이 같은 시각을 가리키게 조정하는 일은, 정지해 있는 관찰자가 보기에는 두 시계가 다른 시각을 가리키게 만드는 일이 된다. 즉 '동시'라는 것이 막대기의 속도로 운동하는 관찰자와 정지해 있는 관찰자 사이에 다르게 정의된다는 것이다. 더 간단히 말해서, 시간은 운동과 무관한 것이 아니라 운동에 의존하는 것이다. 비슷한 추론과정을 거쳐서 거리(혹은 길이)도 운동에 의존하는 것으로 판명되었다.

다음 문제는 정지해 있는 사람이 관측하는 거리 · 시간이 막대기와 같이 움직이는 사람이 관측한 거리 · 시간과 어떤 관계에 있는지 하는 문제였다. 간단한 수학을 사용해서 아인슈타인은 정지해 있는 사람이 관측한 거리 · 시간과 운동하는 사람이 관측한 거리 · 시간 사이의 수학적 관계식을 유도했다. 그런데 이 관계식은 이미 로렌츠가 1904년에 유도한 로렌츠 수축에 대한 관계식과 똑같았다. 로렌츠와의 차이는 그것의 물리적 의미에 있었다. 운동하는 좌표와 정지한 좌표에서 시간이 달라진다는 것을 로렌츠는 받아들일 수 없었기 때문에, 달라지는 시간을 단지 수학적인(즉 물리적 실재가 아닌) 가상적 시간으로 간주했다. 반면 아인슈타인은 이것이 실제로 일어나는 물리적 현상이라고 생각했다. 또 로렌츠의 수식은 전자와 에테르가 상호작용하는 경우에만 의미 있는 것이었지만, 아인슈타인의 이론은 전자나 에테르가 있든 없든 모든 물리현상에 적용되는 보편적인 이론이었다.

논문의 제2부는 제1부에서 얻어낸 관계식을 이용해 전기장과 자기장이 움직이는 기차 안과 정지해 있는 기차 밖에서 어떻게 달라지는지를 유도하고, 여기에 맞추어 맥스웰 방정식 · 전자기장 속에서 움직이는 전하의 운동방정식 형태를 논의했다. 이어서 도플러 효과라든지 빛이 거울에 미치는 압력이라든지 로렌츠의 전기역학 등등 여러가지 문제를 자신이 제안한 새로운 방정식을 이용해 풀었다.

누이동생 마야가 쓴 전기에 따르면 아인슈타인은 "유명하고 널리 읽히는 학술지에 논문을 냈으니 바로 주목을 받을 것이라고 생각했으며, 날카로운 반대와 격렬한 비판을 기대했다"고 한다. 하지만 논문을 접수한 뒤 한참 동안 아무런 반응이 없었다. 그러다 몇달 후 베를린대학의 막스 플랑크 교수에게서 편지가 왔다. 몇몇 논점들을 묻는 것이었다. 플랑크는 요절한 헤르츠 대신 헬름홀츠의 후계자가 된 물리학계의 거장일 뿐만 아니라 아인슈타인도 플랑크의 흑체복사 연구에 큰 관심을 갖고 있었기 때문에 이러한 플랑크의 반응은 아인슈타인을 흥분시켰다. 그 편지에 뒤이어 아직 특허국 심사관에 불과한 아인슈타인에게 '베른대학 아인슈타인 교수'를 수신인으로 적은 편지가 오기 시작했다.[15]

처음 얼마 동안 아인슈타인의 논문은 격찬을 받으면서도 로렌츠 이론의 개량형, 즉 새로운 전자이론으로 여겨졌다. 아인슈타인이 스위스연방공과대학 학생일 때 수학을 가르친 수학자 민꼬프스끼가 1907년 아인슈타인의 상대성이론을 기하학적으로 재해석해서 이를 4차원 시공간의 개념으로 제시했다. 곧 이어 그는 "시간 자체와 공간 자체는 그림자에 불과한 것이 될 수밖에 없다. 그 둘의 통합체라고 할 만한 것이 남아 독자적인 실재가 되었다. (…) 예외 없는 상대성이론의 정당함은 로렌츠가 발견하고 아인슈타인이 밝힌 전자기적 세계상의 진정한 핵심이며, 그 세계상은 광명의 날을 맞았다"라고 선언했다. 1912년에는 빌헬름 빈이 "논리적인 관점에서 상대성원리는 이론물리학에서 성취된 업적 중에서 가장 중요한 것의 하나로 간주되어야 한다. 로렌츠가 상대성원리의 수학적 내용을 처음 발견했고, 아인슈타인이 그것을 단순한 원리로 환원하는 데 성공했다"라고 평가했다. 거장들이 바친 대단한 상찬들이었지만, 아인슈타인의 이론을 기존 전자이론의 한 종류로 생각한다는 점에서 특수상대성이론의 보편성을 확실히 깨달은 평가는 아니었다.

1908년에 이루어진 베타선 전자의 질량 증가에 대한 새로운 실험은 로렌츠와 아인슈타인이 각각 유도한 수식이 옳고, 당시에 가장 강력한 전자이론이던 아브라함의 전자이론이 틀렸음을 증명했다. 동시에 플랑크와 그의 제자들이 특수상대성이론을 여러가지 물리현상에 적용하는 후속 연구들을 발표하기 시작하면서 아인슈타인의 이론이 전자이론과 차원을 달리한다는 점이 널리 인식되기 시작했다. 그리하여 한때 로렌츠-아인슈타인 이론으로 불리던 이론이 이제 '특수상대성이론'이라는 이름을 얻고 명실공히 인류의 가장 중요한 과학적 성과 중 하나로 자리잡았다.

8

특수상대성이론과 창조성

흔히들 천재 과학자라고 하면 재빨리 새로운 지식을 익히고 순식간에 문제를 풀어내는 과학자를 떠올린다. 그런 천재 과학자들이 훌륭한 업적을 남기는 것도 사실이다. 하지만 그들보다 훨씬 더 위대한 업적을 이룩한 아인슈타인은 똑똑하기는 하지만 그런 유형의 천재는 결코 아니었다. 그러면서도 아인슈타인은 어떻게 가장 창조적인 업적을 남길 수 있었을까?

이런 의문에 대한 답으로 가장 먼저 떠오르는 것은 아인슈타인의 '유연하고 다양한 사고'이다. 많은 심리학자들은 그런 사고가 창조성에서 가장 중요한 요소라고 강조하고 있다. 똑같은 문제를 가지고도 보는 관점과 흥미에 따라 전혀 새로운 면을 발견해낼 수 있으며, 그 과정에서 창조적인 작업이 나타나는 것이다. 아인슈타인이 자유로운 분위기의 스위스 교육기관들에서 재능을 발휘하기 시작한 점이나, 그의 발상이 다른 물리학자들과 판이하게 달랐다는 점들로 볼 때 그는 분명 유연하고 다양한 사고를 지닌 인물이었다.

하지만 그런 사고방식만으로는 과학적 창조성이 발휘되기 어렵다. 일찍이 토마스 쿤[16]은 과학자들이 연구과정에서 겪는 '본질적인 긴장'(essential tension)에 대해 상세하게 논의를 전개한 바 있다. 쿤에 따르면 과학자의 창조성은 '유연하고 다양한 사고'와 교과서를 통해 숙달된 '수렴적인 사고' 사이의 긴장에서 나온다. 아인슈타인도 그런 경우에 해당한다. 널리 퍼져 있는 신화와 달리 그는 언제나 유능한 학생이었다. 심지어 그가 정서적으로 적응하지 못한 독일의 김나지움에서도 성적만큼은 우수한 편이었다. 하지만 아인슈타인이 주어진 교과과정에 그대로 순응한 것은 결코 아니었다. 그는 아라우 시절부터 일관되게 교과서에서 제시하는 핵심원리를 찾아내고 그것을 기준 삼아 교재의 내용을 스스로 철저히 확인했다. 필요하다고 판단하면 과감하게 선택하고 집중했다. 그는 푀플과 마흐의 교과서들처럼 관심분야에서 정평이 난 책들은 교과과정에서 제외되었더라도 철저히 공부했다.

그렇다면 유연하고 다양한 사고와 철저한 학습을 갖추면 특수상대성이론만큼 창조적인 업적을 이룩할 수 있을까? 많은 물리학 교과서는 아인슈타인이 두가지 공리(물리법칙은 모든 관성계에서 같아야 한다는 상대성이론과 빛의 속도는 일정하다는 사실)에서 출발해 순조롭게 특수상대성이론을 만들었다는 식으로 기술하고 있다. 제자인 인펠트[17]가 쓰고 아인슈타인이 약간 수정한 『물리학의 진화』[18]에서도 이런 식으로 상대성이론의 탄생을 기술했다. 그렇지만 세상일은 그렇게 간단하지 않다. 아인슈타인은 한 인터뷰에서 다음과 같은 발언을 했다.

> 누구든 정말로 창조적인 사람이라면 그렇게 논문과 같은 방식으로 생각하지는 않죠. 저와 인펠트 교수가 함께 쓴 책에서 두 공리(상대성원리와 광속불변의 원리)를 구성한 방식은 실제의 사고과정에서 일어나는 방식과는 전혀 다릅니다. 이것은 단지 서술 주제를 나중에 정돈하는 방식이었고, 일단 일어난 상황을 어떻게 써야 가장 잘 표현할 수 있을지의 문제일 뿐입니다. 공리들은 축약된 형식으로 본질적인 것을 잘 표현하죠. 일단 본질적인 것이 발견된 다음에는 사람들은 잘 정돈된 방식으로 본질적인 것을 요약하기를 좋아합니다. 하지만 그렇게 요약한다 해도 본질적인 것이 공리들을 이리저리 궁굴려보는 데서 나온 것은 아닙니다.

아인슈타인은 1920년대에 쓴 미발표 원고에서 자신이 특수상대성이론을 만들어내기까지의 실제 사고과정을 다음과 같이 서술했다. 모든 회상이 그렇듯이 약간 윤색되었지만 그의 고유한 특성은 잘 나타나 있다.

> 특수상대성이론의 전개에서 이전에는 언급하지 않은 한 생각이 내 사고에서 중심적인 역할을 했다. 패러데이에 따르면, 자석이 금속고리에 대해 상대운동을 하게 되면 도체 고리에 전류가 유도된다. 자석이 움직이든 금속고리가 움직이든 마찬가지이다. 맥스웰-로렌츠의 이론에 따르면 상대운동만이 중요하다. 그런데 이 두 현상의 이론적 해석은 매우 다르다. 움직이는 것이 자석이라면 공간 속에 시간에 따라 변하는 자기장이 있는 것이며, 맥스웰에 따르면 이 변하는 자기장이 닫힌 전기력선(전기장)을 만들어낸다. 다시 말해서 물리적으로 전기장이 실재하는 것이며, 이 전기장이 금속고리 안에 있는 움직일 수 있는 전하들을 운동하게 만드는 것이다.
>
> 그런데 만일 자석이 멈춰 있고 금속고리가 움직이면 전기장은 생겨나지 않는다. 금속고리 안에 전류가 흐르게 되는 것은 금속과 함께 움직이는 전하들이 자기장에 대해 상대적으로 운동함으로써 이에 따른 기전력을 받게 되기 때문이다. 전하들의 운동은 역학적으로 강제된 것이며, 이는 로렌츠가 가설적으로 확립한 이론이다.
>
> 나는 여기에서 다루고 있는 두 경우가 근본적으로 다르다는 생각 때문에 견딜 수 없었다. 이 두 경우의 차이점은 참된 차이가 아니라 오히려 어느 좌표계를 선택했는지의 차이일 뿐이라는 것이 나의 강

> 한 확신이었다. 자석에서 보면 전기장 따위는 분명히 없다. 하지만 금속고리에서 보면 분명히 전기장이 있다. 따라서 전기장이 존재하는지 아닌지는 상대적이며, 선택된 좌표계의 운동상태에 따라 달라진다. 우리가 객관적인 실재라고 볼 수 있는 것은 이 전기장과 자기장을 합한 어떤 것뿐이며, 관측자나 좌표계의 상대적인 운동상태와는 전혀 무관하다. 나는 전자기유도현상 때문에 상대성원리를 가정하지 않을 수 없었다. 이제 극복해야 할 난관은 진공 속에서 빛의 속도가 일정하다는 점에 있었다. 처음에 나는 이 문제에서 손을 놓으려 했다. 몇년 동안 해결책을 더듬더듬 찾아나간 뒤에야 비로소 근본적인 운동학적 개념들을 임의로 선택할 수 있다는 것에 어려움이 놓여 있다는 것을 깨달았다.

특수상대성이론을 완성하기 위해서는 상대성원리(물리법칙의 불변성)와 광속불변의 원리만으로는 부족했고, "해결책을 더듬더듬 찾아나간" 과정이 더 필요했다. 그 과정의 핵심은 바로 실험에 대한 아인슈타인만의 독특한 집착이었다.

다른 이론물리학자들은 대체로 실험결과를 해명하기 위해 이론을 제안하거나 이론을 검증하기 위해 실험결과를 동원한 반면, 아인슈타인은 법칙과 개념들을 이해하기 위해 그것들이 어떤 실험결과로부터 나온 것인지 살펴보고, 법칙과 개념의 문제점을 찾기 위해 사고실험을 사용했다. 앞에서 보았듯이 상대성이론을 만들어가는 과정에서 아인슈타인은 전자기학의 복잡한 수식이 아니라 단순하고 구체적인 실험상황에 주목했다. 빛과 같은 속도로 달려가며 빛을 관찰한다든지, 또는 자석과 금속고리를 각기 움직여본다든지 하는 것들이 바로 그것들이다. 이렇게 구체적이고 극단적인 상황에서는 여러가지 문제점들이 어렵지 않게 드러나기 때문에 사고실험은 학습자 자신이 원리를 올바르게 이해했는지 스스로 검증할 수 있는 기회가 된다. 아마도 아인슈타인은 특수상대성이론의 등장에 기여한 사고실험들 외에도 물리학을 공부하면서 새로운 원리를 익힐 때마다 무수히 많은 사고실험을 반복했을 것이다. 그런 과정을 통해 떠오른 문제점들은 대개 학습자의 이해가 불충분함에서 비롯하는 것들이지만 가끔은 법칙과 개념들 사이의 진정한 모순에서 비롯한 것일 수도 있다. 이런 사고실험들은 언뜻 현대의 컴퓨터 모의실험과 비슷해 보이지만 구체적인 결과를 내놓지 않고 설정된 상황에 문제점이 있다는 점을 노출시킨다는 점에서 컴퓨터 모의실험과 다르다.

아인슈타인의 독특한 사고실험 활용방식에는 그의 성장배경이 크게 작용한 것으로 보인다. 전기기구 제작업을 하는 집안에서 자라난 아인슈타인은 소년시절 기계디자인에 재능을 보였고, 연방공학대학 시절 수학 강의를 제쳐두고 기계공작실 같은 물리실험실에서 실험에 몰두했다. 특허국에서도 신속하게 기계기술 전문가로 자리잡았다. 게다가 그의 사고실험에는 전자석 · 발전기 · 시계 · 막대기 · 철도 등등 구체적인 기계장치나 부품들이 자주 등장한다. 아인슈타인이 회상한 첫 사고실험 또한 빛을 에테르의 기계적인 진동으로 분해해 살펴보는 것이었다. 이러한 점들로 미루어보아 사고실험은 아인슈타인이 기계로 둘러싸인 환경에서 일찍부터 자연스럽게 터득하고 활용한 물리학 학습방법이었을 가능성이 높다.

물론 유연하고 다양한 사고와 교과서에 대한 통달 그리고 사고실험 세가지만을 아인슈타인의 성공 요인으로 지목할 수는 없다. 그는 어떤 분야에서든지 성공의 요인으로 회자되는 특성들 또한 갖추고 있었다. 자신이 문제를 해결할 수 있으리라는 자신감, 몇년간 크고 작은 실패를 겪으면서도 굴하지 않은 끈기와 낙관주의, 졸업 직후의 위기 상황에서도 문제를 놓지 않은 지독한 집념, 자신이 지닌 자원(가업, 특허국의 경험과 물리학 연구)을 종합적으로 엮어서 활용하는 능력, 계속되는 대화와 토론을 통해 생각을 다듬고 새로운 아이디어를 찾는 습성 등 이런 특성들은 창조적인 업적을 남긴 과학자들에게서 공통적으로 발견된다. 또한 아인슈타인의 특성들이 시대상황 · 연구주제와 잘 맞아떨어졌음을 부인할 수 없다. 기본 개념부터 철저히 다지면서 전진하는 방식은 물리학에 뭔가 변혁이 필요함을 시사하는 새로운 경험적 토대(광속불변)를 바탕으로 근본적인 변혁을 꾀하기에 알맞았다.

지금까지 살펴본 내용을 통해 아인슈타인이 특수상대성이론 논문을 완성할 때까지 겪은 과정과 그의 특성을 통해 빼어난 창조성을 발휘할 수 있었던 요인들을 다음과 같이 두 종류로 나누어볼 수 있다. 그중 하나는 이론물리학 분야에 특히 적절한 것들로 널리 알려진 것이다.

첫째는 구체물을 이용한 시각화이다. 시각화는 이론물리학 분야에서 특히 유용한 능력으로 자주 지적되는데, 특수상대성이론 성립에 기여한 아인슈타인의 시각화는 항상 자석과 금속고리 같은 구체물을 매개로 이루어졌다는 점에 특징이 있다. 심지어 구체물이 아닌 것을 구체물로 바꾸어 시각화하기도 했다. 아라우 시절의 첫 사고실험에서는 에테르의 진동을 마치 파도와 같이 직접 볼 수 있는 것으로 여겼고, 1905년 논문에서는 일정한 간격을 유지하는 두 점 사이의 거리를 막대기로 시각화했다. 이와같이 구체물을 이용한 시각화는 운동학적 문제(시간 · 거리 · 속도의 관계)를 탐구하는 데 효과적이다.

둘째는 우아한 단순성을 추구한다. 이론과학자들은 단순함에서 뻗어나오는 우아함을 높이 평가한다. 많은 이론물리학자들이 특수상대성이론의 진가를 분명히 깨닫기도 전에 1905년 논문을 격찬한 것은 아인슈타인의 논리 전개가 군더더기 없이 단순해서 우아하다고 느꼈기 때문이었다. 같은 해 발표된 광량자가설 논문도 마찬가지로 단순하고 우아했다. 아인슈타인이 우아한 단순함을 추구했다는 점은 빛의 속도가 관찰자마다 달리 관측된다는 이론이 일관된 이론을 만들어낼 수 없다는 이유로 버려진 것에서도 엿볼 수 있다. 물론 단순함과 우아함은 평가자의 주관이 개입될 수밖에 없는 성질이다. 그럼에도 불구하고 되도록 적은 수의 전제만으로 더 넓은 범위의 더 많은 현상을 설명하는 이론을 단순하고 우아하다고 느끼고, 또 그런 이론을 추구하는 것은 이론물리학자들에게서 공통적으로 보이는 특징이다.

한편 다음 두 요인은 기존 개념과 이론으로는 잘 설명할 수 없는 새로운 사실이 발견되었을 때 유용하다.

문제의 상황을 기본 개념 차원으로 환원하고 극한 상황에서 정합성을 점검한다. 맥스웰 전자기이론과 광속불변 원리 사이의 문제를 깨달은 로렌츠는 맥스웰 이론에 특별한 가정(전자의 성질)을 덧붙여서 모순을 해결하려고 했다. 반면 아인슈타인은 문제 상황을 운동의 상대성, 에테르의 진동, 맥스웰 이론 등 좀더 기본적인 요소들로 분해해서 고찰했다. 이렇게 기본 개념 차원으로 환원된 문제를 아인슈타인은 빛과 동일한 속도로 이동하는 관찰자의 관점이라는 극한 상황에서 점검했다. 이 사고실험이야말로 아인슈타인이 누구보다도 먼저 근본적인 모순의 존재를 깨닫게 된 계기였다. 여기서 주목할 점은 '빛과 같은 속도로 이동하는 관찰자'는 지극히 극단적인 경우이지만, 기존 이론의 관점에서 논리적으로 아무런 하자가 없는 개념이라는 점이다. 기존 이론과 개념이 새로운 경험을 제대로 설명하지 못한다면 그것은 기존 이론에 문제가 있음을 암시하는 것이고, 그런 문제는 기존 이론이 문제없이 적용되어야 하면서도 아주 극단적인 상황에서 드러나기 쉽다. 설혹 근본적인 모순을 발견하지 못할지라도 극한 상황에서의 점검은 기존 이론의 적용 범위에 대해 새로운 정보를 제공해준다.

또한 개념을 추상화하지 않고 경험으로 환원한다. 이론과 개념의 차원에서 연구하다보면 자칫 개념의 미로에서 헤매다가 경험적 사실과의 고리를 잃을 수 있다. 하지만 아인슈타인은 상대성 · 시간 ·

동시성 등등 언뜻 추상적으로 보이기까지 하는 대상들을 항상 구체적인 물리적 상황의 토대에서만 탐구했다. 구체물들을 동원한 사고실험들도 아인슈타인이 추상화의 함정을 피할 수 있도록 하는 데 기여했지만, 자세히 살펴보면 약간 다른 요인이 아주 중요한 기여를 했다. 그것은 개념을 해당 물리량을 측정하는 절차로 바꾸어 생각하는 방식이었다. 이 점은 특수상대성이론 논문에서 두드러지게 나타나는데, 이 논문에서 아인슈타인은 '거리'를 막대기로, '시간'을 시계의 움직임으로 바꾸었고, 이를 바탕으로 '동시성'을 확인하는 사고실험 절차를 제시했다. 베쏘와의 대화를 통해 동시성을 판단하는 구체적인 절차를 떠올린 것이 특수상대성이론 성립에 가장 중요한 걸음인 점을 상기하면 개념을 구체적인 경험으로 환원해 검토하는 것이 얼마나 핵심적인 성공 요인이었는지 알 수 있다.

제7장 시간과 공간에 대한 가장 행복한 생각

Einstein

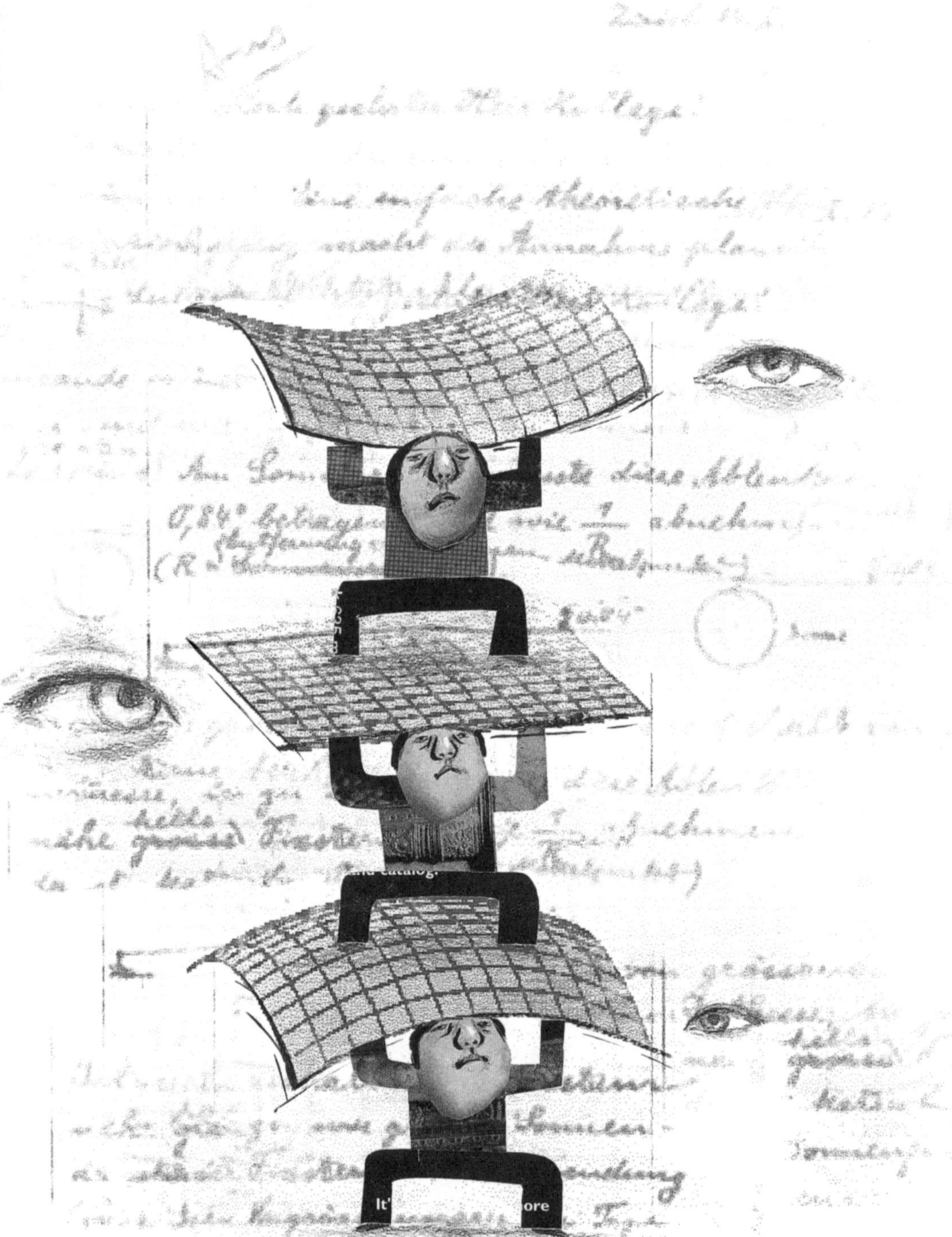

1

세번째 사람이 누구죠?

20세기에 가장 유명한 과학자 딱 한명과 업적을 들라고 하면 대부분 아인슈타인과 상대성이론을 말한다. 그런데 상대성이론에 대해서 아는 것이 무엇이냐고 물으면 '시간이 늦게 흐른다' '4차원' '빛이 휜다' '공간이 구부러진다' 등의 대답이 나오겠지만 아무래도 가장 많은 답변은 '그렇게 어려운 것은 모른다' 일 것이다. 물론 모든 전문지식은 어렵다. 하지만 앞에서 보았듯이 아인슈타인은 누구나 쉽게 알아볼 수 있는 구체적인 상황을 설정하고 이론을 전개한 사람이었다. 그러므로 상대성이론은 기본 착상에서만큼은 다른 과학이론보다 더 쉽게 이해할 수도 있다. 그런데 왜 상대성이론은 그렇게 난해하기로 악명이 높을까?

그렇게 된 데에는 일단 세가지 정도를 원인으로 꼽을 수 있다. 첫째, '상대적'이라는 단어가 일상언어인 동시에 물리학의 전문용어인 점이 혼란을 일으킨다. 물리학에서 '상대적'이라는 말의 정의는 일상적 의미와는 약간 다르다. 둘째, 편하게 '상대성이론'이라고 간단히 부르는 것이 실은 문맥에 따라 앞에서 살펴본 특수상대성이론을 뜻하기도 하고 이 장에서 이야기할 일반상대성이론을 뜻하기도 한다. 비록 두 이론이 연장선상에 있기는 하지만 그래도 구분해야 혼동을 피할 수 있다. 과학에 관심이 있는 일반인들 중에는 이 두가지 문제 정도는 극복한 사람들이 상당히 많다. 하지만 마지막 문제점은 조금 다르다. 일반상대성이론은 누구나 납득할 수 있는 착상에서 출발했으면서도 그 최종형태(수식)는 아주 난해하다.

사실 물리학자들 사이에서도 일반상대성이론의 난해함을 잘 보여주는 일화가 전해져온다. 아인슈타인은 일반상대성이론을 1차대전 도중 독일의 베를린에서 완성했기 때문에 영국에는 좀 늦게 소개되었다. 어느날 런던에서 천문학자이자 이론물리학자인 에딩턴이 난해하기로 소문난 일반상대성이론에 대한 강의를 성공적으로 마쳤다. 그러자 스스로 상대성이론의 전문가라고 자처하고 있던 다른 물리학자가 박수를 치며 말했다. "축하합니다. 전세계에서 일반상대성이론을 제대로 이해하는 세번째 사람(아인슈타인과 자기 다음으로)이 되셨군요." 에딩턴이 아무 대답도 하지 않자 그는 그렇게 쑥스러워하지 말라고 했다. 그러자 에딩턴은 이렇게 말했다. "아닙니다. 사실은 그 세번째 사람(아인슈타인과 에딩턴 다음의)이 과연 누구인지 생각해보는 중입니다." 이 일화는 독설을 즐기는 영국식 과장에 불과하지만 물리학을 전공하는 학생들에게는 일반상대성이론 문제를 제대로 풀지 못한다고 해서 지레 좌절할 필요는 없다는 위안거리도 된다.

그런데 흥미롭게도 일반상대성이론의 난해함이 아인슈타인이 일반상대성이론을 만들어간 과정을 이해하는 데 실마리를 준다. 그는 약 9년간 여러 편의 논문을 통해 오류와 실패를 거듭하면서 일반상대성이론을 만들어나갔다. 그것도 처음부터 무엇이 문제이고 어떤 원리를 이용해 해결책을 만들 것인지 확실히 알고 있으면서도 그런 악전고투를 거쳤다. 반면에 특수상대성이론의 경우는 문제의 정체를 파악하기까지 오랜 시간이 걸렸지만, 일단 문제점을 명확히 인식한 후에는 불과 한 달 남짓 만에 작성한 한 편의 논문을 통해 온전한 해결책을 제시했다. 따라서 일반상대성이론의 등장과정은 일단 큰 성공을 거둔 과학자가 완전히 다른 상황에서 어떤 방식으로 과학적 창조성을 발휘했는지를 살펴볼 수 있는 기회라고 할 수 있다.

2

상대성 속의 절대성

'상대적'(relative)이란 말과 '절대적'(absolute)이란 말에 대해 생각해보자. 물질과 현상을 이해하기 위해서는 일단 상대적인 성질과 절대적인 성질을 구별할 필요가 있다. 절대적인 성질이란 그 물질 또는 대상에 완전히 붙박여 있어서 외부의 상황이나 환경에 전혀 영향을 받지 않는 것을 가리킨다. 쉽게 말해서 누가 보더라도 똑같은 성질이 곧 그것의 절대적 성질이다. 이에 비해 상대적인 성질이란 누가 보는지 혹은 어떤 상황에서 보는지에 따라 다르게 관찰되는 것이다. 쉽게 찾아볼 수 있는 상대적 성질로는 물체의 속도가 있다. 고속도로를 달리는 자동차의 속도는, 그보다 더 빨리 달리는 차에 탄 사람이 볼 때는 더 느린 것으로 관측되고, 더 느리게 달리는 차에서는 더 빠른 것으로 관측된다. 즉 속도는 상대적인 성질이다. 그리고 가만히 따져보면 물체의 많은 성질들이 상대적인 성질이다.

만일 모든 것이 아무런 규칙도 없이 상대적이라면 어떻게 될까? 내 눈에는 책상이 서 있는데, 내 옆에 있는 사람의 눈에는 책상이 거꾸로 돌아가고 있는 것으로 보인다면? 내 눈에는 사람으로 보이는 존재가 내 친구의 눈에는 책꽂이로, 바퀴벌레로 보인다면? 그렇게 된다면 의사소통이 불가능하니 과학은커녕 언어도 존재할 수 없을 것이다. 즉 사람들이 어떻게든 서로 말을 나누고 모여 산다는 현실 자체가 자연의 상대적인 성질들 사이에는 최소한 변하지 않는 어떤 규칙이 있음을 증명한다. 규칙이라도 있어야 내 귀에 들리는 소리가 옆사람에게는 어떻게 들리는지 짐작할 수 있으니 말이다.

물리학이 추구하는 규칙, 즉 물리법칙들은 누가 어떤 상황에서 관찰하든지 항상 적용되는 규칙이라는 뜻에서 절대적인 규칙이다. 관찰한 수치들은 상황에 따라 상대적으로 달리 나올 수 있지만, 그 수치들 사이에는 절대적으로 성립하는 어떤 법칙이 있을 터이고, 그 법칙이 바로 이상적인 물리법칙인 것이다. 따라서 물리학자들이 어떤 물리적 성질을 연구한 끝에 그 성질이 상대적이라고 밝혀냈다면, 이는 그 성질들(을 측정한 수치들) 사이에 성립하는 절대적 법칙을 찾았다는 것과 마찬가지이다. 즉 물리학에서 '상대성' 이라는 개념은 필연적으로 법칙의 '절대성' 을 동전의 앞뒷면처럼 함께 가지고 다닌다. 결국 갈릴레오 이래 물리학자들이 거론한 '운동의 상대성' 은 운동을 지배하는 절대적인 규칙이 있다는, 즉 운동법칙이 언제 어디서나 똑같다는 것을 뜻한다. 구체적으로 운동법칙의 절대성은 운동방정식이 언제 어디서나 똑같이 유지되는 것으로 나타나는데, 이렇게 방정식의 꼴이 변하지 않는 것을 '형식불변' (form-invariant)이라고 한다.

갈릴레오 상대성이 물체의 운동만을 대상으로 했다면, 아인슈타인의 특수상대성이론은 물체의 운동과 전자기현상을 모두 대상으로 한다. 그 과정에서 시간과 거리 등이 상대화되었는데, 물리학자들이 다루는 시간과 거리는 언제 어디서나 절대적으로 정해진 시간과 거리가 아니라(그런 것이 있는지조차 알 수 없다) 관찰자가 측정하는 시간과 거리이다. 결국 특수상대성이론은 한 관찰자가 측정한 시간 · 거리와 다른 관찰자가 측정한 시간 · 거리 사이의 절대적 관계를 기술하는 이론이다. 그러므로 '상대성이론' 은 '상대적인 시간, 거리 등등의 관측값들 사이에서 성립하는 절대적인 관계에 대한 이론'을 줄인 말이라고 여겨도 무방하다. 실제로 몇몇 수학자들은 '상대성원리'란 단어가 잘못되었으니 '불변성원리'라고 부르자고 제안하기도 했다.

3

쉬운 '특수'와 골치아픈 '일반'

일상생활에서 '특수한 문제'라고 말하면 흔히 볼 수 없는 여러가지 조건과 요소가 복잡하게 얽혀서 쉬운 해결책을 사용할 수 없는 골치아픈 문제를 뜻하고, '일반적 문제'는 자주 겪는 문제로 익숙한 방법을 사용해서 어렵지 않게 해결할 수 있는 문제를 의미한다. 이런 식이라면 특수상대성이론이 일반상대성이론보다 더 복잡한 경우를 다루는 어려운 이론일 것 같다. 하지만 널리 알려져 있듯이 특수상대성이론은 단순한 경우를, 일반상대성이론은 복잡한 경우를 다룬다. 왜 그럴까?

이 차이를 납득하기 위해서는 각 이론이 대상으로 삼는 상황을 어떻게 만들 수 있는지를 따져보는 것이 한 방법이다. 특수상대성이론은 관찰자가 일정한 속도로 직선운동하는 경우를 대상으로 한다. 그런 경우를 가리켜 관찰자가 관성운동을 한다고 한다. 관성운동을 할 때는 속도가 변하지 않으므로 가속도(속도의 변화)가 0이고, 거꾸로 말해 가속도가 0이면 관성운동이다. 관성운동 여부를 따지는 기준은 오로지 가속도가 0인지 아닌지뿐이고 속도의 크기는 상관없다. 만일 가속도뿐만 아니라 속도도 0이면 어떨까? 그 경우도 관성운동이다. 속도가 0이든 아니든 가속도가 0이기만 하면 무조건 관성운동이기 때문이다. 관성운동하는 관찰자를 기준으로 설정한 좌표계를 관성계라고 부르는데, 관성계의 개념을 이용하면 특수상대성원리는 아주 간단하게 표현할 수 있다.

특수상대성원리: 물리법칙은 모든 관성계에서 똑같은 꼴로 표현된다.

물론 각 관성계에서 나름대로 측정한 물리량들은 제각기 다를 수 있는데, 한 관성계에서 관찰한 물리량 값에서 다른 관성계에서 측정한 물리량 값을 계산할 수 있는 절대적인 규칙이 있다. 특수상대성이론의 수학적 부분이 그런 계산 규칙에 해당하는데, 그 규칙의 핵심이 바로 '로렌츠 변환'이다.

그런데 현실적으로 관성계를 엄격하게 실현하는 것은 의외로 까다롭다. 앞에서는 편의상 고속도로를 주행하는 갈릴레오, 날릴레오, 달릴레오의 예를 들었지만 실제 고속도로 주행은 매우 복잡한 현상이다. 도로의 마찰력도 작용하고, 바람의 영향도 받는다. 도로는 일직선이 아니고, 바람은 수시로 방향을 바꾼다. 이런 상황에서 특수상대성이론이 적용되는 관성계를 곧이곧대로 실현하는 것은 여간 어려운 일이 아니다.

물리법칙이 언제 어디서나 같아야 한다는 것은 아주 당연한 주장인데 관성계라는 까다로운 제약조건이 붙는 것은 불만족스럽다. 한 관찰자가 놀이공원의 롤러코스터를 타고 느렸다 빨랐다 올라갔다 내려갔다 한다고 해서 롤러코스터를 타기 전의 물리법칙과 롤러코스터를 타고 있을 때의 물리법칙이 다를 이유가 전혀 없지 않은가? 그런데 롤러코스터를 탄 관찰자를 기준으로 한 좌표계는 관성계가 아니다. 일반상대성원리는 그래도 물리법칙은 언제나 똑같다는 믿음을 나타낸다.

일반상대성원리: 물리법칙은 (관성계만이 아닌) 모든 좌표계에서 똑같은 꼴로 표현된다.[1]

롤러코스터를 탄다고 세상이 달라지는 것은 아니니 아주 당연하고 상식적인 원리처럼 보인다. 그런데 막상 일반상대성원리를 적용하려면 문제가 의외로 복잡해진다. 좌회전하는 차 속에서는 오른쪽으로 몸이 쏠리고, 발사되는 우주선 안에서는 온몸이 아래로 짓눌린다. 일종의 힘이 작용하는 것처럼 보인다. 이렇게 가속운동(운동방향이 바뀌는 것도 가속이다)할 때 가속의 반대방향으로 작용하는 것처럼 보이는 힘을 '겉보기 힘'이라고 부르는데, 겉보기 힘은 관성운동할 때는 나타나지 않는다. 따라서 일반상대성원리를 적용하기 위해서는 가속운동할 때 나타나는 겉보기 힘도 함께 다루어야 한다. 일반상대성원리가 적용되는 상황은 특별한 노력 없이도 쉽게 만들 수 있지만, 그런 상황에서의 문제 풀이는 겉보기 힘 때문에 훨씬 더 복잡해지는 것이다.

이런 복잡성을 다루기 위해 아인슈타인이 생각해낸 것이 바로 '동등성원리'(또는 등가원리, Equivalence Principle)이다. 그는 가속도 때문에 생기는 겉보기 힘의 효과와 중력의 효과가 똑같은 것이라고 보았다.

동등성원리: 가속되는 좌표계가 만들어내는 효과는 중력이 만들어내는 효과와 구별되지 않는다.

이 경우 앞으로 가속될 때 나타나는 효과는 뒤에서 끌어당기는 중력의 효과와 같다. 이런 원리는 1960년대부터 우주비행사를 훈련시킬 때 실제로 사용하고 있다. 훈련용 비행기를 높이 띄운 다음 중력의 크기만큼 가속낙하운동하면 그동안 비행기 안은 일시적인 무중력상태가 된다. 아래로 가속운동하기 때문에 위에서 중력이 끌어당기는 것과 같은 효과가 생기고 그것이 지구 중력의 효과를 상쇄하는 것이다. 물론 무한정 가속낙하운동을 할 수는 없기 때문에 대략 20~30초 내외 2~4km 가량 낙하하는 동안만 가능한 일이지만 어쨌든 대기권 내에서도 무중력 상태를 경험할 수 있다.

이렇게 단순한 개념과 발상에서 나온 일반상대성이론이 왜 그렇게 어려워졌을까? 아인슈타인은 어떤 어려움과 실패를 겪었을까? 그는 어떤 창의성을 발휘해 난관을 극복했을까?

4

내 생애에서 가장 운좋은 착상

1907년 여전히 베른의 특허국 심사관이던 아인슈타인은 『방사성과 전자학 연보』라는 신설 학술지의 청탁으로 특수상대성이론에 대한 논문을 쓰고 있었다(아직 특수상대성과 일반상대성의 구분은 없던 시기이다). 그는 자신과 다른 물리학자들의 특수상대성이론 연구성과를 정리하다가 중력 문제에 대해 특수상대성이론을 성공적으로 적용한 논문이 없다는 점을 깨달았다. 특수상대성이론은 시간과 거리, 속도 문제에 대해서는 언제나 적용되어야 하는 보편적인 이론이므로 중력 문제도 특수상대성이론으로 다룰 수 있어야 하는데, 그렇지 못한 것이다. 1922년 12월 쿄오또의 한 강연에서 아인슈타인은 다음과 같이 회상했다.

> 나는 특허국의 의자에 앉아 있었는데 갑자기 이런 생각이 떠올랐다. '어떤 사람이 자유낙하한다면 그 자신의 무게는 느낄 수 없을 것이다.' 나는 놀랐다. 이 단순한 생각은 나에게 깊은 인상을 주었다. 이는 나를 중력이론 쪽으로 나아가게 했다. (…) 나는 모든 자연현상이 특수상대성으로 논의될 수 있지만 중력법칙은 예외라는 점을 깨달았다. 그뒤에 깔린 이유를 이해하려는 강한 욕심이 생겼다.

이 무렵의 정황은 1921년 아인슈타인이 작성한 원고에 좀더 자세히 기술되어 있다.[2]

> 1907년에 내가 『방사성과 전자학 연보』에 특수상대성이론을 해설하는 논문을 쓰고 있을 때, 나는 뉴턴의 중력이론을 특수상대성이론에 걸맞게 고치려고 했다. 이 방향의 시도는 그것이 가능하다는 것은 보여주었지만, 물리적 토대가 없는 가설에 바탕을 두고 있었기 때문에 나로서는 이에 만족할 수 없었다. (…) 그때 내 생애에

> 서 가장 운좋은 착상이 떠올랐다. 중력장은 전자기유도에서 생성되는 전기마당과 마찬가지로 상대적인 존재에 지나지 않는다. 어느 집의 지붕에서 자유낙하하는 관찰자에게는 낙하하는 동안에 (적어도 관찰자 바로 주변에서는) 중력장이 존재하지 않기 때문이다. 실제로 관찰자가 어떤 물체를 떨어뜨리면, 이 물체는 그 특정의 화학적 또는 물리적 성질이 무엇이든지 상관없이 관찰자에 상대적으로 멈춰 있거나 균일한 운동을 하는 상태에 머물러 있다(이 고찰에서 물론 공기저항은 무시된다). 따라서 관찰자는 자신의 상태를 '멈춰 있다' 고 해석할 권리가 있다.

이런 점 때문에 중력장 안에서 모든 물체가 똑같은 가속도로 떨어진다는 매우 특별한 경험법칙이 곧바로 심오한 물리적 의미를 얻게 된다. 즉 중력장 안에서 다른 모든 물체와 다르게 떨어지는 단 하나의 물체만 있더라도 그 덕분에 관찰자는 자신이 중력장 안에 있고 그 속에서 낙하하고 있음을 알 수 있다. 그러나 (실험에서 매우 정밀하게 나타나는 것처럼) 그런 물체가 존재하지 않는다면, 관찰자는 자신이 중력장 안에서 떨어지고 있음을 알 수 있는 객관적인 수단이 없다. 오히려 관찰자는 자신의 상태가 정지상태이며 자신 주변에 중력장이 없다고 생각할 수 있다.

후일 아인슈타인이 '동등성원리' 라고 이름붙인 이 생각은 아주 중요한 진전이었지만, 당장 그 논문에서는 중력에 대해서 실험적으로 검증할 만한 결과를 내놓지 못했다.

5

침묵 속의 진전, 회전원판과 4차원

이 무렵부터 1911년 6월까지 약 4년 동안 아인슈타인은 중력에 대한 논문을 전혀 발표하지 않았다. 그 사이 아인슈타인은 직장도 여러차례 바꾸었고, 연구 면에서도 활발한 업적을 남겼다. 일단 1908년에는 교수자격심사를 통과해 베른대학의 사강사(私講師)가 되었다. 여전히 특허국에서 근무하던 아인슈타인은 토요일과 일요일 아침 7시~8시 또는 수요일 저녁 6시~7시에 강의를 했다. 그러던 중 그에게 박사학위를 수여한 쮜리히대학에서 이론물리학 부교수 채용공고가 나자 여기에 지원했다. 1909년 3월 아인슈타인은 쮜리히대학의 이론물리학 부교수로 임명되었고, 그해 7월 특허국을 사임한 뒤 10월부터 정식 대학교수로서의 삶을 시작했다. 1911년 3월에는 유서 깊은 프라하대학의 물리학 정교수로 옮겨갔다.

2년도 안되는 쮜리히대학 시절만 따져도 17편의 논문을 발표할 정도로 아인슈타인은 활발한 연구를 했다. 그는 고체물리학과 통계역학 등의 분야에서 획기적인 업적을 남겼다. 또 아인슈타인의 이론이 로렌츠 이론보다 더 보편적인 이론이라는 점이 확실히 알려진 것도 바로 이 시기였다. 이런 외면적인 상황만 보면 당시의 아인슈타인에게 중력에 대해 연구할 여유가 있었으리라고는 보이지 않는다.

하지만 겉보기와는 달리 이 무렵 아인슈타인은 중력 문제의 해결책을 향해 혼자, 때로는 다른 학자들의 영향을 받아 전진했다. 이론

물리학자인 좀머펠트에게 보낸 편지들로 미루어보아, 아인슈타인은 프라하로 가기 이전(아마도 1909년 무렵)에 회전원판 문제를 연구하기 시작했다. 추측컨대 아인슈타인은 특수상대성이론을 직접 확장해서는 중력 문제를 다룰 수 없다는 것을 깨닫고, 불완전하게나마 특수상대성이론을 적용해서 중력 문제 해결의 실마리를 찾으려고 한 것 같다. 이해하기 쉽게 회전목마의 경우를 들어 회전원판 문제를 설명하면 다음과 같다.

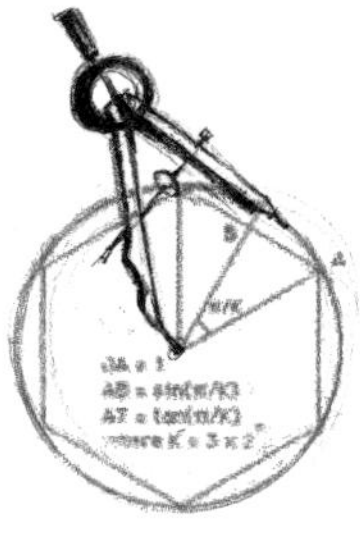

반지름이 a인 회전목마가 있다고 하자. 그러면 그 회전목마의 둘레는 $a \cdot \pi$이다. 이제 회전목마가 일정한 회전수로 돌아간다고 하자. 회전운동은 등속운동은 아니지만 아주 짧은 등속직선운동들이 순간순간 이루어진다고 볼 수도 있다. 중심에서 멀어질수록 회전목마의 둘레에서는 회전운동과 짧은 등속직선운동들의 차이가 더 작아진다. 이때 회전목마의 둘레에 붙어서 회전목마의 둘레를 측정해 나가면 특수상대론적 효과 때문에 운동방향의 길이가 짧아지므로 정지한 상태에서 측정한 둘레 $a \cdot \pi$보다 좀 작은 측정값이 나온다. 한편 같은 상황에서 회전목마의 중심에서 둘레까지의 길이, 즉 반지름을 측정하면 그 길이는 운동방향과 직각인 길이이므로 아무런 변화 없이 여전히 a이다. 즉 회전상태에서는 반지름은 변화가 없지만 원둘레는 짧아지고, 이는 원주율값이 달라진다는 뜻이다.

회전운동도 가속운동이므로 회전목마의 예는 가속운동을 하면 원주율값이 달라진다고 해석할 수 있다. 그렇다면 동등성원리에 따라

가속운동의 효과와 중력의 효과는 같으므로 중력의 영향을 받으면 원주율값이 달라진다는 결론이 나온다. 이런 결론의 물리적 의미는 그가 프라하로 가기 전까지는 분명하지 않았지만 단순한 낙하운동이 아닌 새로운 사례를 찾은 것은 분명한 진전이었다.

또다른 진전은 아인슈타인이 민꼬프스끼의 4차원 개념을 적어도 수학적 도구로서 받아들인 것이다. 연방공과대학 시절 아인슈타인의 수학 교수였던 민꼬프스끼는 1907년의 논문과 다음해의 강연을 통해서 로렌츠와 아인슈타인의 이론을 수학적으로 다시 정리했다. 수학자로서 민꼬프스끼는 로렌츠 이론과 아인슈타인 이론의 물리적 의미보다는 수학적 형식에 관심을 가졌다. 그는 공간좌표축 x, y, z와 시간좌표축 t가 서로 직각인 새로운 좌표축들을 설정하면 로렌츠와 아인슈타인이 각기 다른 물리학적 전제 아래 유도한 변환식이 자연스럽게 등장함을 보였다. 오늘날 우리에게 여러가지 형태로 친숙한 4차원 개념은 바로 민꼬프스끼의 논문과 강연에서 비롯된 것이다. 즉 공간의 3차원과 시간의 1차원을 모으면 4차원 시간-공간(space-time)이 되는 것이다. 현대에는 이와 같은 시간과 공간의 연속성을 강조하기 위해 '시공'(spacetime)이라는 새로운 용어를 도입해 사용하고 있다.

처음에 아인슈타인은 민꼬프스끼의 작업을 매우 못마땅하게 생각했다. 그는 물리학자들에게 익숙한 방식으로, 자신이 보기에 물리적으로 의미있는 방식으로 민꼬프스끼가 새로 얻어낸 결과를 다시 얻어내는 논문을 쓰기도 했다. 하지만 수학자 출신의 이론물리학자인 좀머펠트가 민꼬프스끼 방식이 지닌 장점을 잘 보여주는 논문들을 썼고 이에 영향을 받아 아인슈타인도 최소한 수학적 도구로서는 민꼬프스끼의 4차원 개념이 지닌 장점을 인정하게 되었다. 오늘날 대학에서는 민꼬프스끼-좀머펠트 방식에 따라 특수상대성이론을 배운다.

아인슈타인은 프라하대학의 정교수로 부임한 1911년부터 다시 중력에 관한 논문들을 발표하기 시작했다. 그중 「빛의 진행에 중력이 미치는 영향에 관하여」라는 제목의 논문에서는 태양의 중력 때문에 별빛이 0.83초(1초는 1/60분, 1분은 1/60도이며 모두 각도의 단위임) 정도 휘어진다고 예측하기도 했다. 그런데 프라하 시절의 논문들은 회전원판의 경우에 대한 분석이 가져다준 통찰과, 공간과 시간을 뜻하는 4변수 x, y, z, t를 민꼬프스끼 방식으로 사용하는 방법이 불완전하게 결합되어 나온 것들이었다. 아인슈타인은 별빛의 휘어짐처럼 관측을 통해 검증할 수 있는 예측을 내놓을 수는 있었지만 1905년의 특수상대성이론 논문에서처럼 일반적인 이론체계를 제시할 수는 없었다. 게다가 당시의 아인슈타인은 몰랐지만 0.83초라는 예측도 틀린 것이었다. 그 값은 아인슈타인이 1915년에 제대로 얻은 1.6초의 절반에 불과했다. 뭔가 새로운 돌파구가 필요했다.

6

피타고라스정리를 넘었지만

1912년 가을 아인슈타인은 1년 반가량 머물던 프라하대학을 떠나 모교인 스위스연방공과대학에 부임했다. 조교 자리도 얻지 못하던 모교에 정교수로 돌아온 것이다. 대학시절 절친한 친구이던 그로스만은 이미 1907년부터 기하학 교수로 재직하고 있었다. 새로운 돌파구가 필요하던 때에 그로스만과 다시 함께 있게 된 일은 아인슈타인이 일반상대성이론을 완성하는 데 큰 도움이 되었다.

프라하에서 쮜리히로 옮길 무렵 아인슈타인은 대학시절 잠시 배운 가우스[3]의 기하학이론을 떠올렸다. 비록 아인슈타인은 순수수학을 열심히 공부하지는 않았지만, 가우스의 기하학에서는 원주율이 꼭 π(=3.14…)로 국한되지 않는다는 점에 생각이 미친 것이다. 원래 원주율값이 3.14…인 것은 평면에 원을 그렸을 때만 성립하는 것이고, 농구공 위에 원을 그리면 3.14…보다 작게, 말안장 위에 그리면 3.14…보다 크게 된다. 평면 위에서의 기하학은 고대 그리스의 유클리드가 체계를 세웠기 때문에 유클리드기하학이라고 부른다. 농구공이나 말안장 위에 그린 도형들의 성질을 연구하는 기하학, 즉 원주율값이 3.14…가 아닌 경우의 기하학을 통틀어 비유클리드기하학이라고 부른다.

회전원판 문제에서처럼 비유클리드기하학에서도 원주율값이 3.14…가 아니라는 점에 착안한 아인슈타인은 쮜리히로 돌아오자마자 그로스만에게 자신의 문제에 대해 이야기했고, 그로스만은 수학자 리만[4]과 리치[5] 등이 연구한 비유클리드기하학이 아인슈타인의 문제에 딱 들어맞는 기하학이라고 대답했다. 그때부터 아인슈타인과 그로스만은 관성계들 사이에서만 적용되는 특수상대성이론을 언제나 적용될 수 있도록 일반화하는 작업을 시작했다.

아인슈타인과 그로스만의 공동연구는 '텐서'라고 부르는 거리함수를 중심으로 전개되었다. 우리가 중고등학교에서 배우는 유클리드기하학에서는 두 점 사이의 거리를 피타고라스정리를 이용해서 구할 수 있다. 평면 위에 두 점이 있을 때 두 점 사이 거리의 제곱은 두 점의 x좌표값 차이(수평변의 길이)의 제곱 더하기 y좌표값 차이(수직변의 길이)의 제곱과 같다($s^2 = x^2 + y^2$). 하지만 공이나 말안장 위에서는 피타고라스의 공식이 성립하지 않는다. 그런 곡면 위에 그은 선은 직선이 아니기 때문이다. 다행히 이리저리 굽어 있는 곡선이라 하더라도 아주 작은 부분만 보면 직선처럼 볼 수 있기 때문에 곡선의 작은 부분의 길이를 나타내는 공식을 찾아낼 수 있다. 이를 수식으로 쓰면 다음과 같다.[6]

$$s^2 = f(x, y) \cdot x^2 + g(x, y) \cdot y^2 + 2h(x, y) \cdot x \cdot y$$

이때 f(x, y), g(x, y), h(x, y)가 구체적으로 어떤 함수여야 하는지는 두 점이 놓여 있는 곡면이 무엇인지에 따라 달라진다. 이 세 함수를 거리함수라 하고 이들을 통틀어 '거리함수텐서'(metric

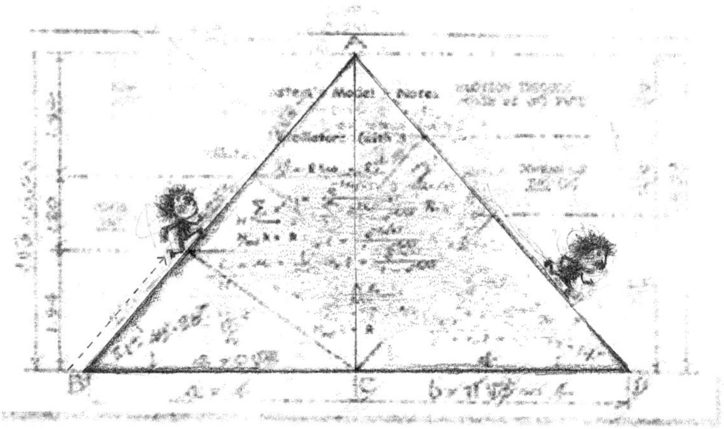

tensor)라고 부른다.

공이나 말안장 같은 곡면은 2개의 좌표값(x, y)으로 한 점의 위치를 나타낼 수 있는 2차원 곡면이기 때문에 3개의 거리함수만 결정해주면 되지만, 민꼬프스끼-좀머펠트의 제안과 같이 4차원 시공을 생각한다면 모두 10개의 거리함수를 결정해주어야 한다.[7] 이 10개의 함수가 바로 '시공의 거리함수텐서'이다. 그로스만이 아인슈타인에게 소개한 리만과 리치의 기하학은 바로 이 텐서를 사용해서 전개된 기하학이었다.

그로스만과 공동연구를 시작하면서 아인슈타인은 낙관적이었다. 이제 남은 문제는 4차원 시공에 대해 거리함수텐서를 결정하는 일이었다. 이 거리함수텐서를 결정하는 방정식은 뉴턴의 만유인력법칙을 대치하는 새로운 중력법칙이 될 것이다. 아인슈타인은 1912년

8월 16일에 보낸 한 편지에서 "중력에 관해 대단한 일이 있다. 다른 모든 것이 틀리지 않았다면 나는 가장 일반적인 방정식을 발견했다"라고 말했다.

하지만 아인슈타인은 그로스만에게서 수학을 배우면 배울수록 자신이 수학을 너무 쉽게 여겼다는 것을 깨달았다. 같은 해 10월 29일에 좀머펠트에게 보낸 편지에서 다음과 같이 말할 정도였다.

> 지금 저는 중력의 문제에만 사로잡혀 있고, 여기에 있는 친절한 수학자들의 도움으로 모든 어려움을 다 극복하게 되리라 믿고 있습니다. 다만 한가지 분명한 점은, 제 평생 이렇게까지 힘들게 일해보지 않았으며, 또한 수학자들의 위대한 점들에 감동받았다는 것입니다. 이제까지는 수학자들의 미묘한 부분을 그저 사치로밖에 간주하지 않을 만큼 생각이 좁았습니다. 이 문제와 비교해볼 때 원래의 상대성이론(특수상대성이론)은 어린아이들의 장난에 지나지 않습니다.

아인슈타인이 어려워한 문제는 거리함수텐서를 결정하기 위한 방정식을 찾는 것이었다. 언뜻 보면 기본적인 조건을 만족시키는 것으로 보이는 거리함수텐서 방정식들은 여러가지가 존재했다. 아인슈타인이 쮜리히에 도착한 이후 1913년까지 작성한 96쪽짜리 이른바 '쮜리히 노트'가 남아 있는데, 그 노트를 보면 아인슈타인이 다음과 같은 네가지 요건을 모두 충족시키는 이론을 찾고 있었음을 알 수 있다. 첫째, 중력의 효과와 좌표계의 가속이 나타내는 효과는 같아야 한다(동등성원리). 둘째, 물리법칙을 나타내는 방정식은 어떤 좌표계를 쓰는지와 무관하게 똑같은 형태로 나타나야 한다(물리학적으로는 일반상대성원리, 수학적으로는 일반공변성). 셋째, 새로운 이론은 고전적으로 잘 알려진 과거의 이론을 특별한 사례로 포함해야 한다(즉 중력의 크기가 작다는 조건을 적용하면 중력법칙을 나타내는 새로운 방정식이 뉴턴의 중력방정식으로 변환되어야 한다). 넷째, 에너지보존법칙과 운동량보존법칙을 위배하면 안된다.

아인슈타인은 그로스만의 지도를 받아 수학을 익히면서 거리함수 텐서를 결정하는 방정식들에 이런 조건을 적용해보았다. 그로스만이 수학적인 관점에서 유력한 방정식들을 제안하면, 아인슈타인은 나름대로 그 방정식들의 물리적 의미를 찾아내서는 다른 방정식이어야 된다고 주장하는 일이 여러번 되풀이되었다.

이러한 과정을 걸쳐 1913년 초 아인슈타인과 그로스만은 그들이 만들어낸 이론을 공동논문으로 출간했다. 아인슈타인이 동등성원리를 착안한 이래 처음으로 만족할 만한 체계를 갖춘 첫 논문이었다. 하지만 불행히도 이 논문에서 제시된 중력방정식은 애초 의도와는 달리 '쮜리히 노트'에서 설정한 두번째 조건을 제대로 만족하지 못했다. 그렇기 때문에 방정식은 분명히 특수상대성이론보다는 더 일반적이었지만, 아직 일반상대성이론이라고 할 수 없었다. 두 사람은 이후 몇가지 시도를 더 해보았지만 자신들이 다루는 문제가 정말로 어려운 것이라는 점만 확인했을 뿐이었다.

7

대실패에서 대성공으로

그로스만과의 공동연구가 난관에 봉착했을 때 아인슈타인에게는 새로운 환경에서 다시 출발할 기회가 찾아왔다. 일찍이 특수상대성이론 논문의 가치를 누구보다도 먼저 알아본 독일 물리학계의 거장 막스 플랑크가 쮜리히로 찾아와서 아인슈타인에게 매력적인 제안을 한 것이다. 플랑크는 아인슈타인에게 세 직위를 동시에 맡아달라고 했다. 첫째는 특별급여가 지급되는 베를린의 프러시아 과학아카데미 회원이 되는 것이었고, 둘째는 마음대로 강의할 권리는 있지만 반드시 강의해야 할 의무는 없는 베를린대학의 정교수직이었다. 셋째는 독일 황제의 이름을 따서 조직된 카이저 빌헬름 협회 산하의 물리연구소 소장직이었다. 이것 역시 잡무는 없고 연구에만 전념할 수 있는 자리였다. 당시까지 이론물리학자로서 이렇게 좋은 대우를 받은 경우는 전혀 없었다. 1914년 3월 말 아인슈타인은 쮜리히를 떠나 베를린으로 갔다.

베를린에 정착한 아인슈타인에게 또다른 자유가 찾아왔다. 이 무렵 힘든 연애 끝에 결혼한 마리치와 아인슈타인의 관계는 이미 극도로 악화되어 있었다. 마리치는 인생의 동반자로서 동등한 관계를 원했지만, 아인슈타인은 모든 것을 잊고 자신의 연구에 빠져들 수 있는 환경을 원했기 때문이다. 베를린으로 이주하면서 두 사람은 별거에 들어갔다. 독신자 아파트로 이사한 아인슈타인이 편안하게 지낼 수 있도록 돌본 사람은 나중에 둘째 부인이 된 엘자 뢰벤탈[8]이었다. 아인슈타인은 뢰벤탈의 보살핌에 아주 만족했다.

새로운 환경을 맞았다고 해서 바로 성공이 찾아온 것은 아니었다. 플랑크를 비롯한 베를린의 동료 물리학자들은 아인슈타인이 매달리고 있던 중력연구가 가망 없는 일이라고 생각했다. 물론 아인슈타인은 전혀 동의하지 않았다. 1914년 10월, 아인슈타인은 베를린으로 옮겨온 지 반년 만에 중력에 관한 논문을 발표했다. 그는 그로스만과 진행한 공동연구의 방법과 결과들을 더 체계적이고 상세하게 논의하려고 했다. 그러나 그 논문은 수학적으로 미숙했고, 논문에서 전개한 물리적 논변도 틀린 것이었다. 아인슈타인은 사람들의 선망 속에 새로 얻은 일자리에서 오류투성이 논문을 발표하면서 대실패를 한 것이다. 그렇지만 다행히도 당시에 아인슈타인의 논문이 오류투성이라는 것을 알고 있는 사람은 아무도 없었고, 나중에 그 오류를 처음 눈치챈 사람도 바로 아인슈타인 자신이었다.

아인슈타인이 1914년 10월 논문의 오류를 깨닫고 극복하게 된 계기는 1915년 6월에 시작되었다. 아인슈타인은 힐버트의 초청으로 괴팅겐대학에서 두 시간씩 여섯 차례에 걸쳐 상대성이론과 중력이론에 대한 강연을 했다. 민꼬프스끼의 친구인 힐버트는 스승인 클라인의 뒤를 이어 독일 최고의 명성을 누리던 수학자였다. 아직 1914년 10월 논문의 문제점을 눈치채지 못한 아인슈타인은 힐버트에게 자신의 논리를 납득시키는 일에 전력을 다했다. 힐버트로서는 중력이론의 물리를 배우는 기회였고, 아인슈타인으로서는 자신의 논리와 수학을 단련하는 기회였다. 이 강연은 아인슈타인에게 일단 대성공이었다. 괴팅겐에서 베를린으로 돌아오면서 아인슈타인은 "아주 기쁘게도 힐버트와 클라인을 완전히 설득하는 데 성공했다"라며 무척 즐거워했다.

힐버트를 설득하기 위해 자신의 논리를 가다듬은 덕분에 아인슈타인은 1914년 10월 논문의 오류를 깨달을 수 있었다. 1915년 11월 7일의 편지에서 아인슈타인은 "저는 4주 전에 그전까지의 제 증명 방법이 모두 틀렸음을 깨달았습니다"라고 썼다. 이 편지는 아인슈타인이 옳은 방법을 찾은 다음에 쓴 것이었다. 그는 이미 11월 4일 일반공변성을 엄격하게 준수하는 방정식을 쓰기 시작했다. 힐버트도 11월 들어 1914년 10월 논문의 결함을 깨닫고 아인슈타인과 편지를 교환했다.

그 다음의 연구는 순조로웠다. 11월 18일 아인슈타인은 새로운 중력이론의 두가지 예측결과를 발표했다. 태양의 중력에 의한 빛의 휘어짐은 이전에 자신이 계산한 것의 2배로 고치고, 수성의 근일점의 세차운동은 1세기에 45±5″임을 유도했다(수성에 대한 계산은 이미 오래 전에 정밀하게 관측된 값과 잘 맞아떨어졌고, 태양의 중력에 의한 빛의 휘어짐은 1919년 에딩턴 등이 이끈 영국 관측대에 의해 확인되었다). 드디어 1915년 11월 25일 프러시아 과학아카데미 물리학-수학 분과에서 '쮜리히 노트'에서 설정한 네가지 조건을 완벽하게 만족시키는 「중력장방정식」이라는 제목의 논문을 성공적으로 발표했다(며칠 먼저 힐버트가 수학적으로 동일한 논문을 투고

했지만, 그 논문은 출판이 늦어져서 아인슈타인이 먼저 발표한 것으로 본다). 3일 후 그는 좀머펠트에게 보낸 편지에서 “지난 한 달 동안은 제 생애에서 가장 정신없고 스트레스 받는 시기였습니다만, 가장 성공적인 시기이기도 했습니다”라고 고백했다. 그후 1916년 봄에 「일반상대성이론의 기초」라는 제목의 논문이 『물리학 연보』에서 출판되어 일반상대성이론이 명실공히 확립되었다.

8

일반상대성이론과 창조성

일반상대성이론과 특수상대성이론의 등장과정의 차이는 여러 측면에서 논할 수 있지만, 아인슈타인의 창조성이 발휘된 방식과 관련해서는 대략 네가지를 주목할 수 있다.

첫째, 특수상대성이론의 경우에는 논문을 발표한 1905년 봄에야 문제의 정체가 명확해진 반면, 일반상대성이론의 경우에는 처음부터 명확히 정의된 문제에서 출발했고 늦어도 1912년 가을에는 해결책의 요소가 이미 갖추어져 있었다. 즉 1905년 논문이 일종의 유레카(Eureka)[9] 경험을 통해서 완성된 것이라면, 1916년 논문은 오랜 기간 악전고투를 통해 조금씩 전진해서 완성한 것이다.

둘째, 특수상대성이론의 경우 광속의 변화가 관찰되지 않는다는 사실이 새롭게 확립되어 갈릴레오 이래의 상대성원리를 재검토할 원동력이 되었지만, 일반상대성이론의 경우에는 중력과 관련된 새로운 관찰 사실이 전혀 없었다. 새로운 경험적 사실은 관련 이론에 뭔가 문제가 있음을 보여줄 뿐만 아니라 그 이론을 대체로 어떻게 수정해야 하는지 지시한다. 그래서 특수상대성이론 이전에 로렌츠 이론을 비롯한 여러 전자이론들이 등장했고, 그들 중에는 특수상대성이론의 결과와 같은 형태의 수식을 담고 있는 것들이 있었다. 하지만 중력과 관련해서는 그런 길잡이 역할을 해줄 새로운 관찰결과가 없었고, 아인슈타인 이외에는 중력이론에 관심을 갖는 물리학자도 거의 없었다. 다른 물리학자들이 중력이론에 관심을 보인 것은 아인슈타인이 프라하에서 1912년 발표한 논문에 자극받은 이후였다.

셋째, 특수상대성이론을 만드는 과정에서 아인슈타인이 동료들과 벌인 토론과 대화는 그의 생각을 가다듬는 계기가 되었지만 연구 자체는 아인슈타인 홀로 진행했다. 반면에 일반상대성이론을 만드는 과정에서는 중요한 착상은 아인슈타인이 홀로 떠올렸지만 연구는 본격적인 협동작업을 통해 이루어졌다.

마지막으로 1912년을 전후로 아인슈타인의 작업방식이 변화했다. 스위스연방공과대학 학생시절 민꼬프스끼의 강의를 빼먹을 정도로 수학을 경시하던 아인슈타인은 민꼬프스끼식 특수상대론 표현방식(4차원 개념)을 수용하고, 나아가 다른 물리학자들에게도 완전히 생소한 미분기하학의 텐서방정식을 사용해서 물리학이론을 표현했다.

이러한 차이들은 일반상대성이론을 만드는 과정이 특수상대성이론의 경우와 아주 달랐음을 보여준다. 그렇게 된 데에는 두번째로 지적한 사항, 즉 광속불변에 해당하는 새로운 경험적 사실이 중력의 경우에는 없었던 것이 가장 큰 영향을 미친 것으로 보인다. 현재 일반상대성이론과 관련해 널리 거론되는 경험적 사실로는 수성의 근일점 이동과 중력에 의한 빛의 휘어짐이 있다. 그런데 수성의 근일점 이동은 오래 전부터 알려졌지만 그다지 주목받지 못하던 현상으로서 일반상대성이론 외에도 다른 설명들이(결과적으로 틀렸지만) 있었다. 그래서 일반상대성이론 발표 이후 수성 근일점 이동보다는 중력에 의한 빛의 휘어짐이 일반상대성이론을 확증하는 경험적 증거로 받아들여졌다. 그러나 빛의 휘어짐은 일반상대성이론의 예측이었지 일반상대성이론을 만들 때 도움이 된 관측 사실은 아니었다.

문제를 새로운 각도에서 조명할 수 있게 해주는 경험적 원리가 없는 상황에서 아인슈타인이 택한 방책은 문제를 표현하는 방식을 완전히 바꾸어 민꼬프스끼식 4차원 개념을 수용한 것이었다. 이 표현방식과 회전원판 문제를 통해 아인슈타인은 비유클리드기하학이 필요하다는 것을 깨달을 수 있었다. 물론 비유클리드기하학으로의 전환은 고통스러운 것이었다. 그로스만에게서 배운 텐서방정식들은 생소했을 뿐만 아니라, 그런 수식에서 물리적 의미를 어렵지 않게 떠올리는 아인슈타인의 재능이 오히려 문제를 빨리 해결하는 데 장애가 되었다. 또한 여러 좌표들의 미분항들의 복잡한 함수로 표현된 텐서방정식 자체가 매우 어려운 것이었다. 그랬기 때문에 앞서 소개한 에딩턴의 일화도 생겨났고, '우주항 사건' 도 벌어진 것이다.

결국 아인슈타인은 일반상대성이론을 만들기 위해, 엄청난 성공

우주항 사건

1916년 아인슈타인이 일반상대성이론 논문을 발표했을 때 그 자신도 일반상대성이론의 결과를 전부 알지는 못했다. 거리함수들은 일종의 미분방정식들로 주어지고 여러차례 적분을 통해서 미분방정식의 해답을 찾는데, 적분할 때 적용하는 조건에 따라 최종결과는 천차만별이기 때문이었다.

네덜란드의 천문학자 드지터는 일반상대성이론을 우주 전체에 적용하면 불안정한 풀이가 나온다고 지적했다. 이어 러시아의 수학자인 프리드만이 일반상대성이론에 따르면 우주는 팽창해야 한다는 결론을 내렸다. 우주가 팽창할 리 없다고 생각한 아인슈타인은 적분과정에 임의로 상수를 집어넣어 그런 결과가 나오지 않도록 조치했다. 이 상수를 '우주항'이라고 부른다.

나중에 우주 팽창의 증거들이 여러가지 관측되어 그것이 사실로 확인되었다. 아인슈타인은 우주가 팽창한다는 결론이 나오지 않도록 일반상대성이론에 우주항을 집어넣은 일이 그의 인생에서 최대의 실수라고 자인할 수밖에 없었다.

을 거둔 자신의 물리학 연구방식을 과감히 탈피했고, 이런 과감한 방향전환과 그에 뒤이은 그로스만과의 협동작업으로 일반상대성이론을 만들어낼 수 있었다. 여기서 주의해야 할 것은, 아인슈타인의 방향전환이 난관에 부딪힌 사람이 흔히 그러하듯 이것저것 시도해보다가 일어난 것이 아니라는 점이다. 민꼬프스끼 방식으로의 전환은 좀머펠트를 비롯한 다른 물리학자들의 연구결과를 수용한 것이었고, 비유클리드기하학으로의 전환은 회전원판 문제 분석의 결과(원주율값이 3.14…보다 작다)와 학부시절 잠시 들은 가우스기하학의 내용을 연결시킨 덕분이었다. 즉 아인슈타인은 주변의 자료를 유연하게 흡수하고 점검해 새롭게 전개할 방향의 근거를 다진 것이다.

지금까지 살펴본 아인슈타인의 일반상대성이론 등장과정에서 창조적 업적을 위한 다음과 같은 지침들을 이끌어낼 수 있다.

첫째, 성공과 성공의 목적을 구별한다. 개인적인 수준에서 보면 일단 창조적 업적을 이룩한 사람은 그 업적을 다른 곳에도 그대로 적용하려고 하는 경향이 있다. 또한 집단적인 수준에서 봐도(일찍이 토마스 쿤이 지적한 바와 같이) 모범적인 과학적 업적이 나오면 그 업적을 그대로 모방하는 연구가 주류가 된다. 특수상대성이론의 경우도 예외는 아니어서 많은 물리학자들은 특수상대성이론에 매료되어 그것을 여러가지 문제에 적용하는 데 머물러 있었다. 하지만 아인슈타인은 달랐다. 아인슈타인은 성공(특수상대성이론)과 성공의 목적(상대성원리를 통한 보편적 물리법칙의 확립)을 구별했고, 양자를 구별할 수 있었기 때문에 일단 거둔 성공이 원래의 목적을 완벽하게 달성하지 못했음을 누구보다도 먼저 깨달을 수 있었다.

둘째, 단계적으로 집중한다. 아인슈타인이 일반상대성이론을 만들어나간 약 9년의 기간은 그가 베른의 특허국에서 베를린의 연구소까지 여섯 곳을 옮겨다닌 기간이기도 하다. 당연히 중력 문제 연구에 쉬지 않고 연속적으로 집중할 수는 없었다. 하지만 그는 결코 중력 문제를 오랫동안 방치하지 않았다. 더욱 중요한 것은 매번 중력 문제를 집중적으로 연구할 때마다 아무리 작은 것이라도 단계적인 진전을 거두고 정리했다. 덕분에 새로운 환경에서 다시 중력 문제로 돌아갈 때마다 그때까지의 성과를 이으면서도 새로운 시각에서 연구할 수 있었다. 이러한 방식은 단기간에 해결되지 않을 만한 과제를 해결하는 일에 적합하다.

셋째, 뚜렷한 목적과 동기를 가지고 학습한다. 우리는 종종 문제가 잘 해결되지 않을 때는 관련된 사항을 광범위하게 섭렵하고 학습하라는 충고를 접한다. 언뜻 보면 아인슈타인이 그로스만, 힐버트 등 다른 사람에게서 배우기를 주저하지 않은 점도 그런 충고를 따른 것처럼 보인다. 하지만 아인슈타인이 그들에게서 언제, 무엇을, 왜 배웠는지를 살펴보면 아인슈타인의 학습은 조금 다른 점이 있다. 그는 스스로 회전원판 문제의 분석결과를 얻고, 민꼬프스끼식 4차원 개념을 수용한 이후에 그로스만에게 도움을 청해서 텐서기하학을 익혔다. 또 1914년 10월 논문에서 나름대로 체계(비록 실패작이었지만)를 세운 다음 힐버트와의 토론을 통해서 수학과 논리를 단련했다. 한편 아인슈타인과 거의 같은 시기에 중력이론을 발표한 힐버트는 중력이론의 수학적 논리 전개에는 능숙했지만 물리적 직관은 부족했다. 이 약점을 극복하기 위해 힐버트는 친구의 옛 제자를 초청해서 배우기도 했다. 즉 아인슈타인이나 힐버트 모두 자신에게 무엇이 부족한지를 확실히 파악한 후에 주저없이 과감한 학습과 토론에 뛰어든 것이다. 겸손한 학습과 토론은 언제나 중요하지만, 그것이 문제 해결에 효율적으로 도움이 되려면 동기와 목적이 뚜렷할 필요가 있다.

넷째, 주체적이고 적극적으로 협동작업을 한다. 난제를 해결하기 위해 장기간 연구를 하다보면 여러차례 협동작업을 하게 된다. 이런 협동작업을 하면서 1912년 이후의 아인슈타인처럼 자신이 과거에는 능숙하지 않던 영역에서 작업하게 되는 경우가 있다. 그런 경우 자칫 새로운 영역에서의 작업을 동료에게 맡겨버리거나 거꾸로 새로운 영역에 매료되어 본래의 문제의식이나 관점을 놓치기 쉽다. 하지만 아인슈타인은 텐서기하학 분야에 적극적으로 뛰어든 동시에 복잡한 방정식들의 물리적 의미를 항상 따져보는 자신의 스타일을 유지했다.

마지막으로, 오류를 인정하고 과감히 변신한다. 괴팅겐 강연을 통해 힐버트와 클라인을 설득하는 성공을 거둔 이후에도 1914년 10월 논문의 오류를 용감하게 인정한 것이 진정한 일반상대성이론을 완성하는 마지막 단계였다. 야심작의 실패를 인정하는 것은 분명 쉬운 일이 아니다. 하지만 그것 외에도 아인슈타인은 오류를 인정하고 변신하는 데 주저하지 않았다. 그는 민꼬프스끼 4차원 개념을 처음에는 못마땅하게 여겼지만, 그것의 유용성을 깨달은 이후에는 자신의 연구에 직접 활용했다. 또 어린 시절부터 복잡한 수학은 물리학에 필요없다고 여겼지만 그렇지 않음을 깨달은 이후에는 다른 물리학자들에게 극히 생소하던 텐서기하학 연구에 적극적이었다. 이성적으로 오류를 인정하는 것에만 그치고 변신하지 않았다면 일반상대성이론에 도달할 수 없었을 것이다.

Einstein

알베르트 아인슈타인 연표

1879 독일의 울름에서 헤르만 아인슈타인과 파울리네 아인슈타인 부부 사이에서 출생.

1880 가족이 독일의 뮌헨으로 이주.

1881 여동생 마야 아인슈타인이 태어남.

1885 가톨릭 계통의 초등학교 페터스슐레에 입학.

1888 대학 예비학교인 루이트폴트 김나지움에 입학. 군사적 기풍과 주입식 교육에 염증을 느낌.

1894 가족이 이딸리아로 이주했지만 아인슈타인은 계속 뮌헨에 남음. 김나지움에 자퇴서를 제출하고 이딸리아로 감. 스위스연방공과대학에 입학할 계획을 세움.

1895 아라우에 있는 아가우 칸톤 고등학교 3학년에 편입.

1896 쮜리히에 있는 스위스연방공과대학에 입학.

1900 스위스연방공과대학의 학사자격 최종시험에 합격하고 졸업. 첫 논문을 『물리학 연보』에 제출.

1902 베른의 스위스 연방특허국의 3등심사관에 임용됨.

1903 밀레바 마리치와 결혼.

1905 광량자설(빛알가설)에 관한 논문 완성. 박사학위논문 「분자적인 크기의 새로운 결정에 관하여」 완성. 브라운 운동에 관한 논문과 특수상대성이론 논문을 『물리학 연보』에 접수. 특수상대성이론 논문이 『물리학 연보』에 게재됨. 특수상대성이론에 관한 둘째 논문($E=mc^2$이 들어 있는 논문)을 『물리학 연보』에 접수.

1907 『방사성 및 전자학 연보』의 청탁을 받고 원고를 쓰던 중 '내

생애에서 가장 운좋은 착상'이 떠오름.

1908 교수자격학위를 통과하고 베른대학에서 사강사로 강의.

1909 쮜리히대학 이론물리학 부교수로 취임.

1911 프라하의 독일대학에 정교수로 부임. 「빛의 진행에 중력이 미치는 영향에 관하여」를 『물리학 연보』에 발표.

1912 모교인 스위스연방공과대학에 정교수로 부임. 『물리학 연보』에 중력에 관한 논문 두 편 실림. 그로스만과 공동연구 시작.

1913 아인슈타인-그로스만의 공동연구 출판. 일반공변인 중력장 방정식 유도에 실패.

1914 그로스만과의 공동연구 방법과 결과를 발전시킨 논문을 프러시아 과학한림원에서 발표. 물리적 논변과 수학 모두 틀린 실패작.

1915 베를린의 카이저 빌헬름 물리연구소로 옮김. 프러시아 과학한림원 물리학-수학 분과에서 「중력장 방정식」이라는 제목의 논문 발표.

1916 「일반상대성이론의 기초」를 『물리학 연보』에 발표.

1919 영국의 천문학자 에딩턴이 일반상대론을 실험적으로 입증.

1921 광전효과로 노벨 물리학상 수상.

1932 독일을 떠나 미국 프린스턴에 정착.

1955 프린스턴에서 사망. 시체는 곧바로 화장되고 재는 알려지지 않은 어느 장소에 뿌려짐.

제8장 천재만이 창조적인가

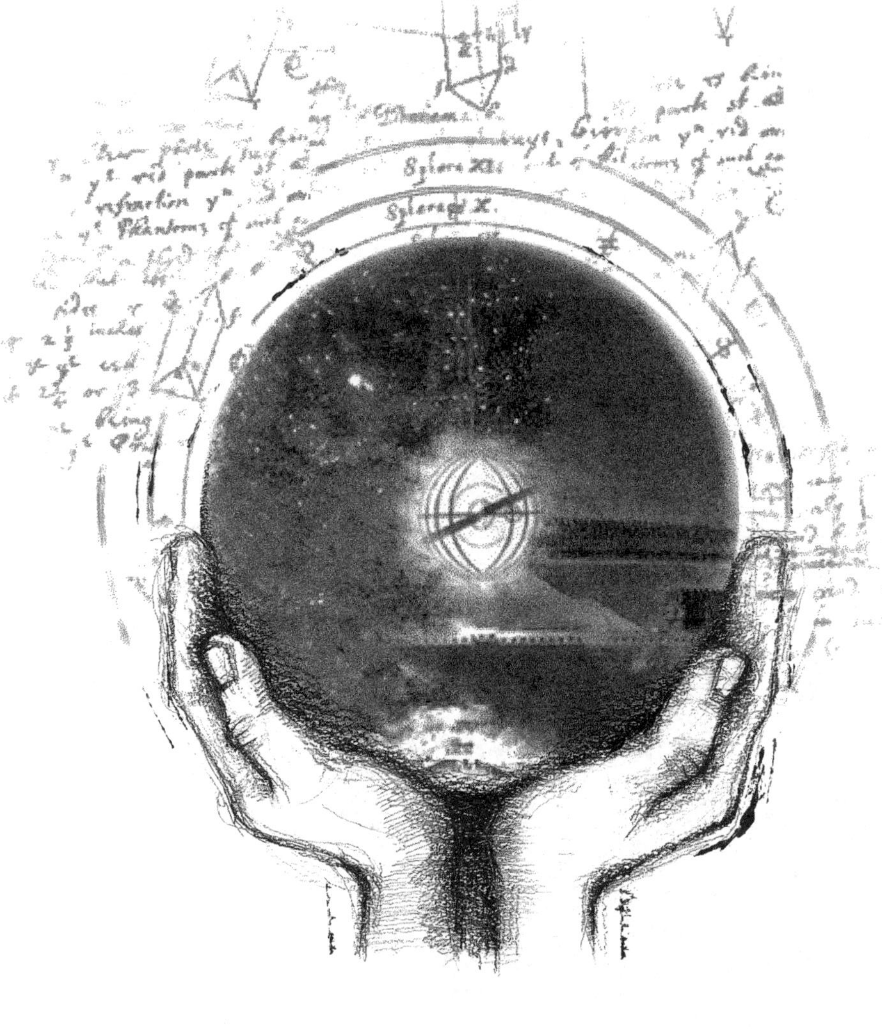

1

과학적 창조성과 예술적 창조성

과학자들이 성공적인 연구를 수행하기 위해서는 창조성을 발휘해야 한다는 것은 과학연구의 구체적인 모습을 잘 모르는 일반인도 쉽게 수긍할 수 있다. 다른 사람들이 생각해내지 못한 아이디어를 제안하거나, 풀리지 않던 문제를 기존의 관점과는 다른 시각으로 새롭게 해석해서 명쾌한 해답을 내놓거나 하는 일들이 과학적 창조성이 발휘되는 전형적인 모습일 것이다.

뉴턴과 아인슈타인은 이런 면에서 과학적 창조성을 가장 성공적으로 발휘한 과학자들이라고 할 수 있다. 두 사람 모두 각자 속한 과학자사회의 여러 중요한 문제들에 대해 그 시대의 다른 과학자들이 상상할 수 없었던 대담하고도 포괄적인 해결책을 제시했고, 그 해결책은 기존의 패러다임을 대체하고 새로운 과학연구의 전통을 확립하는 혁명적인 변화를 일으켰다.

그럼에도 불구하고 뉴턴과 아인슈타인에 대한 앞의 내용에서 볼 수 있듯이, 과학적 창조성이 정확히 어떤 것으로 구성되어 있는지를 몇가지로 간단히 요약하기란 어렵다. 그 이유는 크게 다음의 두가지이다. 첫째로 과학적 창조성을 만족스럽게 정의하기가 쉽지 않다. 역사적으로 볼 때 기존 문제를 바라보는 새로운 시각을 제시하거나 혁신적인 해결책의 후보가 될 만한 것을 제시한 사람은 수없이 많았다. 그러나 예술적 창조성과 달리 과학적 창조성은 그 결과물이 참신할 뿐 아니라 다루는 대상에 대해 '객관적인 성공'을 가져다주는 것이어야 한다. 그러므로 과학적 창조성에 대한 이해는 창조성이 발휘된 결과로 나타난 과학이론의 내용을 구체적으로 살펴봄으로써만 가능하게 된다. 두번째 어려움은 과학적 창조성에 대해 우리가 직관적으로 생각하는 여러 특징이 우리가 과학에 대해 가지고 있는 상식과 잘 맞지 않는다는 데 있다.

그러므로 우리는 과학적 창조성을 올바로 이해하기 위해서 우리의 상식적 과학관을 면밀히 검토하고 그것의 문제점을 분명히 인식해야만 한다. 첫번째 어려움에 대해서는 이 책의 앞에서 자세히 논의하고 있기에 여기서는 두번째 어려움, 특히 과학연구의 본질에 대해 우리가 가진 상식적 과학관의 바탕에 깔린 철학적 견해들과 과학적 창조성 사이의 관계에 초점을 맞추고자 한다.

2

귀납법: 과학자의 수가 중요하다?

현대과학, 특히 자연과학이 자연세계에 대한 신뢰할 만한 지식을 얻어내는 데 눈부신 성공을 거두고 있음은 누구도 부인하기 어렵다. 많은 사람들은 현대과학이 이러한 성공을 거두고 있는 이유가 독특한 '과학적 방법'에 있다고 믿는다. 예를 들어, 몇몇 학자들은 사회과학이 자연과학에 비해 상대적으로 눈에 띄는 성공을 거두지 못하고 있는 것은 사회과학자들이 사회현상에 적합한 연구방법론을 미처 정립하지 못했기 때문이라고 생각한다. 또한 우리는 환경오염이나 음식물 중독과 같은 좀더 일상적인 문제상황에 직면할 때면 문제를 '과학적 방법으로 분석해서 얻은 결론'을 신뢰하는 경향이 있다.

과학적 방법과 과학적 지식 사이의 연관성은 근대과학이 막 형성되던 시기에도 강조되었다. 근대과학의 귀납적 방법을 정립한 것으로 유명한 프랜씨스 베이컨은 이 귀납적 방법을 차근차근 적용함으로써 과학지식을 체계적으로 축적할 수 있다는 근대적 낙관론을 대표한 사람이라고 할 수 있다. 베이컨의 귀납법은 자연세계에 대한 1차적 지식을 얻기 위해 대상을 다양한 조건에서 관찰할 것을 요구한다. 예를 들면, 열의 특성을 연구하기 위해서는 다양한 방식으로 열이 발생할 수 있는 상황들(짚을 태우거나 물을 끓이거나)을 모두 관찰해 그것들의 공통점을 추출해야 한다는 것이다. 베이컨은 또한 자연을 수동적으로 관찰하기만 할 것이 아니라 '못살게 굴 것'도 요구했다. 이는 자연적으로는 발생하기 어려운 상황을 인공적으로 만들어서 나온 결과들도 귀납의 근거로 사용하자는 제안이었다. 베이컨의 이런 견해는 현대과학에서 통제실험(controlled experiment)[1]의 중요성과 관련해 자주 언급된다.

베이컨 이후 귀납법은 과학적 방법의 대표적인 것으로 간주되었다. 귀납법이 과학적 창조성에 대한 우리의 논의에서 중요한 점은 그것이 기계적인 방식으로 자연현상에 적용 가능하다는 것이다. 즉 '다양한 상황에서 P라는 현상을 관찰했다면, P가 참'이라고 결론 내리는 귀납적 방법은 과학자에 따라 결론에 큰 차이가 나지 않아야 한다. 이 방법을 따르는 과학자는 이 방법을 올바르게 적용하거나 잘못 적용하거나 둘 중의 하나일 뿐, 다른 과학자보다 귀납법을 좀 더 잘 적용할 수 있는 가능성은 별로 없다. 그러므로 귀납법을 사용해 지식을 생산하는 과정에서 중요한 요소는 얼마나 뛰어난 과학자들이 연구를 수행했는지보다는, 얼마나 많은 과학자들이 연구를 수행하는지이다. 베이컨은 과학적 방법론에 숙달된 과학자들이 공동체를 이루어 모여 사는 '쌀로몬의 집'(Salomon's House)을 제시했는데, 그곳에서 함께 연구를 수행함으로써 과학지식을 차근차근 축적해나가는 상황을 『새로운 아틀란티스』라는 그의 저서에서 이상적인 과학활동으로 묘사했다. 여기서 우리는 베이컨이 과학지식의 성장을 위해서 개별 과학자의 능력보다는 많은 과학자들이 귀납법을 정확히 적용하는 것을 중요하게 여겼음을 알 수 있다.

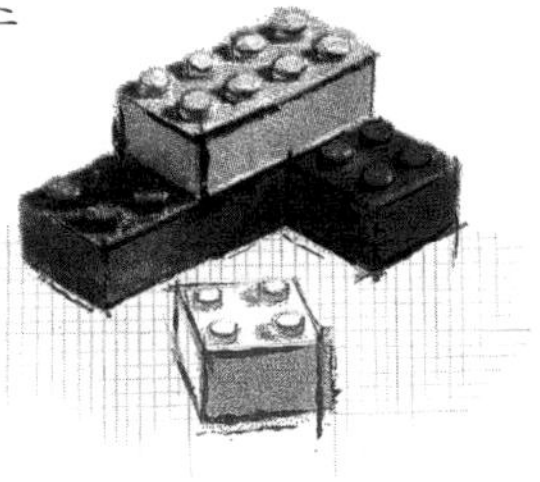

그런데 귀납적 방법이 과학지식의 형성과정에 가지는 중요성을 강조하다보면 자연스럽게 과학적 창조성의 중요성이 평가절하된다. 그것은 귀납법을 올바르게 익힌 사람이면 누구나 과학지식을 산출하는 데 원칙적으로 거의 동등한 능력을 갖게 되기 때문이다. 물론 여기에 개인차가 존재할 수 있다. 가령 어떤 과학자는 다양한 조건에서 특정 현상을 좀더 빨리 관찰하는 능력이 있을 수 있다. 또한 어떤 사람은 다른 사람보다 서로 다른 관찰조건을 좀더 많이 만들어내는 재주가 있을 수 있다. 그러나 이런 차이는 부차적인 차이에 지나지 않는다.

그러므로 귀납법을 제대로 익힌 과학자들은 과학지식의 생산에 원칙적으로 동등한 능력을 갖춘 셈이고, 결국 원칙적으로는 서로 대체 가능한 셈이다. 과학적 지식의 생산과정이 귀납법을 정확하게 적용해 차근차근 지식을 축적해나가는 과정 이상의 무엇이 아니라면, 이 과정에서 필요한 것은 과학적 창조성이라기보다는 오히려 귀납법을 올바르게 이해하고 정확하게 적용하며 그 적용결과를 체계적으로 정리해내는 능력일 것이다. 물론 이러한 능력이 성공적인 과학연구를 위해 꼭 필요한 것은 사실이지만, 이를 과학적 창조성과 동일시하기는 어렵다.

3

가설연역법: 창조성은 수수께끼 심리작용?

귀납법이 과학적 방법의 기본이라는 베이컨의 주장은 많은 비판을 받았다. 그중에서 과학방법론적으로 중요한 비판은 귀납이 자연현상에 대한 관찰에서 특정 결론에 이르는 과정을 너무 단순화했다는 것이다. 열에 대한 연구를 예로 들면, 열이 어떤 물리적 과정을 통해 나타나는지에 대한 이론적 가정을 하지 않고 단순히 열현상을 많이 관찰한다고 해서 열의 본질이 밝혀지는 것은 아니다. 그러므로 현대과학은 일찍이 뉴턴이 자신의 역학체계를 성립시키는 과정에서 제일 먼저 정식화했다고 알려진 '가설연역법'이라는 방법론에 더 많이 의존한다.

가설연역법의 핵심은 다음과 같다. 우선 설명하거나 이해하고자 하는 현상을 도출할 수 있는 가설을 찾아본다. 이런 가설들은 일반적으로 하나 이상 존재하므로, 어떤 하나의 가설이 연구대상으로 삼는 현상을 설명했다고 해서 자동적으로 그 가설이 참이라고 결론내릴 수 있는 것은 아니다. 그러나 그 가설이 원래 설명하고자 한 현상 이외에 다른 현상도 설명해준다면 우리는 그 가설을 더 신뢰하게 될 것이다. 이러한 방식으로 '가설을 통한 새로운 현상에 대한 예측 → 관찰이나 실험을 통한 가설의 입증'이 반복되다보면 우리는 그 가설을 믿을 만한 과학지식으로 간주할 수 있게 된다.

예를 들어보자. 현대물리학은 금속이 왜 전기나 열을 잘 전도하는

지와 같은 현상을 밴드이론(band theory)[2]이라는, 금속 내의 전자들이 가질 수 있는 에너지값들에 대한 이론으로 설명한다. 이 이론이 진정으로 금속에 대한 올바른 이론이라면 금속의 전기전도성이나 열전도성을 해명하는 일 이상을 해내야 한다. 왜냐하면 금속의 전기전도성이나 열전도성을 해명할 수 있는 이론은 밴드이론말고도 여러개가 있는데다, 극단적으로는 임의의 현상이 주어져도 그 현상을 설명해낼 수 있는 이론을 급조하는 것이 논리적으로 가능하기 때문이다. 그런데 과학자들이 이 밴드이론에서 금속은 일정한 각도에서 광택을 낸다는 예측을 유도해내고, 이런 예측이 실험으로 입증된다면 우리는 밴드이론에 대해 상당한 정도의 신뢰를 가질 수 있을 것이다. 물론 역으로 이 예측이 실험으로 확인되지 않는다면 우리는 밴드이론에 대해 유보적인 태도를 취할 수밖에 없을 것이다.

이제 과학적 창조성과 관련해 가설연역적 방법이 갖는 함의를 생각해보자. 가설연역법의 내용을 잘 살펴보면 그 방법은 주어진 가설이 합당한지를 입증(confirm)하거나 반입증(disconfirm)하는 데만 관심이 있지, 그 가설을 어떤 방식으로 얻었는지에 대해서는 관심이 없음을 알 수 있다. 일단 가설이 주어지면 이 가설이 받아들일 만한 것인지에 대한 갖가지 세련된 입증방법이 존재한다. 그러나 가설연역법은 가설의 성립과정을 과학자의 심리적 환경 같은 철저히 우연적인 요소에 맡겨두고 있다. 화학자 케큘레가 뱀이 서로 꼬리를 무는 꿈을 꾸고는 벤젠의 분자구조에 대한 가설을 제안하게 되었다거나 뿌앵까레가 마차를 타다가 아주 우연히 오랫동안 생각하던 문제에 대한 답을 확신하게 되었다는 식의 이야기가 이러한 견해의 핵심을 보여준다.

20세기 전반기 과학철학의 주도적 견해이던 논리실증주의[3]의 과학철학자 라이헨바흐는 가설이 만들어지는 과정과 그것의 타당성을 따져보는 과정이 엄격히 구분된다는 생각을 체계화했다. 그는 발견의 맥락(context of discovery)[4]과 정당화의 맥락(context of justification)[5]을 구별하고, 과학이론이 제안되는 과정은 발견의 맥락으로, 그리고 제안된 과학이론이 검증되는 과정은 정당화의 맥락으로 분류했다. 그는 더 나아가 발견의 맥락은 과학이 성공적인 이유를 합리적으로 설명하거나 과학의 본성을 이해하는 것과 전혀 관련이 없고, 오직 정당화의 맥락만이 중요하다고 주장했다. 이는 발견의 맥락은 합리적인 설명이 불가능한, 과학자 개개인의 심리적 작용에 의존한다는 인식에서 온 것이다.

발견의 맥락과 정당화의 맥락을 구별하는 것은 과학적 창조성에 대해 귀납법과는 매우 다른 함의를 지닌다. 우선 정당화의 맥락에서는 과학적 창조성이 발휘될 가능성이 원천적으로 배제되어 있다. 어떤 과학적 가설이 정당한지의 여부는 철저하게 증거와 가설 사이의 객관적인 관계에 의해 결정된다. 물론 동일한 증거와 가설에 대해서도 일부 과학자들은 잘못된 결론을 이끌어낼 수 있다. 그러나 정당화의 맥락에서 창조성을 발휘해 가설의 수용 여부를 판단하거나, 주어진 증거와 가설을 창조적인 방식으로 연결짓는다는 말은 아예 의미가 없다. 정당화의 맥락에서는 더 창조적이거나 덜 창조적인 판단이 아니라 옳은 판단과 그른 판단만이 존재하기 때문이다.

그렇다면 과학활동의 다른 축을 이루는 발견의 맥락은 어떨까? 논리실증주의 과학철학은 가설이 어떤 과정을 거쳐 만들어지는지에 대해 철저히 침묵하고 있다. 그러므로 극단적인 경우 논리실증주의 과학철학은 특정 과학자가 창조적인 가설을 제안할 수 있는지의 여부가 철저히 우연에 의해 지배되는 경우조차 허용한다. "오늘 기분이 좋은데 왠지 근사한 생각이 날 것 같아"라고 말하다가 정말로 혁신적인 이론을 생각한 과학자와 "최근 계속해서 기분도 우울하고 생각도 잘 안 나네" 하고 머리를 쥐어뜯는 과학자가 있을 수 있다. 그러나 상식적으로 생각해봐도, 과학자들이 창조적인 이론을 만들기 위해서 멋진 생각이 우연히 들 때까지 마냥 기다리는 것은 아니다.

다르게 표현하자면 가설연역법적 시각에서 볼 때 과학적 창조성이란 과학이론의 평가가 종료된 후 그 평가를 통과한 이론에 추가적으로 수여되는 일종의 상장과도 같은 것이다. 물론 어떤 가설이나 이론이 창조적이었다는 평가를 받는 것은 그것을 제안한 과학자에게 영광임에 틀림없다. 그러나 과학적 창조성에 대한 이런 식의 사후적 재구성은 과학적 창조성을 개별 과학자의 연구활동과 직접적으로 연관시킬 여지를 남기지 않는다.

4

수렴적 사고와 과학적 창조성

누구나 과학적 창조성에 관해 열린 사고의 중요성을 이야기한다. 창조적인 생각이나 이론을 전개하기 위해서 과학자는 자신이 현재 옳다고 믿는 이론에 대해 독단적인 태도를 버리고 끊임없이 대안적인 이론을 탐구해야 한다. 이 대안적인 이론은 종종 자신이 익숙하게 훈련받은 연구방법이나 전제들에 정면으로 도전하는 다른 연구전통에서 오기도 한다. 따라서 개별 과학자가 자신이 속한 연구전통에만 집착한다면 혁명적인 변화를 통해 과학이론이 바뀌어나가는 일은 불가능할 것이다. 이런 취지에서 20세기의 유명한 과학철학자 중 한 사람인 칼 포퍼는 과학지식의 성장을 위해서는 대안적 이론에 대한 열린 마음과 끊임없는 비판적 사고가 필수적이라고 강조했다. 그에 의하면 과학이 다른 지적인 활동과 구별되는 주요한 특징은 대안적 이론들을 되도록 많이 제안하고 그것의 타당성을 엄격히 시험하려는 과학자들의 연구태도에 있다. 이런 연구태도가 창조적인 과학활동에서 큰 역할을 하리라는 점에 우리는 쉽게 동의할 수 있다.

1962년에 『과학혁명의 구조』[6]라는 책을 출판하면서 과학활동을 바라보는 시각에 일대 변혁을 유도한 토마스 쿤은 창조적인 과학활동에서 (이와같은 열린 마음의 중요성을 간과하지 않으면서도) 또 다른 요소가 중요하게 작용하고 있음을 지적했다. 쿤은 과학연구에서 '발산적 사고'(divergent thinking)라고 부를 수 있는, 자유롭게 사고하고 다양한 대안을 편견 없이 고려하는 열린 마음의 연구태도 뿐 아니라 '수렴적 사고' (convergent thinking)라고 부를 수 있는 연구태도 역시 매우 중요함을 강조한 것이다.

수렴적 사고란 과학자가 자신이 교육받았고 자신이 속한 과학자 사회에서 널리 받아들여지고 있는 과학적 세계관과 방법론이 허용하는 한계 내에서만, 가능한 한 많은 자연현상들을 설명해내고 문제들을 풀려고 노력하는 태도와 관련있다. 이러한 태도는 과학자에게 다양한 자연현상을 자신이 그 타당함을 믿고 있는 세계관에 합치되는 방식으로 가능하면 통일적으로 설명할 것을 권장하고, 잘 풀리지 않는 문제마다 그때그때 적당한 설명을 고안해서 비체계적인 방식으로 해결하려는 지적 게으름을 용납하지 않는 기능을 담당한다. 이 두가지 사고를 중시하는 과학연구방법은 당연히 서로 긴장관계에 놓이게 되는데, 쿤은 과학활동에서 이 두 사고들간의 본질적 긴장을 적절하게 조절하면서 연구를 수행하는 것이 과학적 창조성을 최대한 발휘할 수 있는 방법이라고 주장했다.

쿤은 『과학혁명의 구조』에서 과학연구를 특정 패러다임에 입각해 이루어지는 '정상 과학' (normal science)의 시기와 특정 패러다임의 한계가 좀더 분명해지면서 새로운 패러다임으로 연구의 주도권이 넘어가는 '혁명적 과학' (revolutionary science)의 시기로 나눈 것으로 유명하다. 수렴적 사고란 특정 패러다임의 기본적인 전제를 수용하고 그 패러다임에서 이미 해결된 모범사례들을 열심히 공부해서 그 사례들을 조금씩 변형시켜 새로운 현상을 설명하려고 노력하는 것이다. 다시 말하면, 기존 이론을 충실히 공부해서 그 이론의 전통이 제공하는 여러 연구 도구들을 능숙하게 사용해 새로운 현상들을 설명해내거나 새로운 이론을 만들어내는 등의 활동을 하는 데 필요한 사고능력이라고 할 수 있다.

쿤에 따르면 자연과학과 같은 성숙된 과학의 경우 특정 문제를 해결하기 위해서 여러가지 접근방법을 한꺼번에 고려하는 연구방식은 과학발전에 비효율적이다. 각각의 접근방법을 일일이 다 확인해보는 것에 시간과 비용이 너무 많이 들 뿐 아니라, 그런 식으로 문제마다 서로 다른 접근방법을 사용해 해결하다보면 자연현상에 대한 통일적인 이해에 도달할 수 없기 때문이다.

이 점을 분명히 하기 위해서 다음과 같은 가상의 과학자를 상상해보자. 이 과학자는 주로 금속의 특성을 연구하고 있다. 그는 금속이 왜 전기를 통하는지는 양자역학이라는 이론을 사용해서 설명하고, 금속이 왜 빛을 잘 반사하는지는 괴테의 시각이론으로 설명하고, 금속이 왜 무거운지는 아리스토텔레스의 이론을 사용해서 설명하려는 사람이다. 그런데 괴테의 시각이론은 뉴턴의 근대적 광학이론과는 양립할 수 없는 이론이다. 게다가 양자역학은 뉴턴의 고전역학을 극복하고 등장한 이론이고, 아리스토텔레스의 이론은 뉴턴 역학으로 이미 극복된 이론이다. 그러므로 이런 방식으로 금속에 대한 연구를 수행하다보면 이 과학자는 금속의 개별적 특징들을 설명하는 데는 성공할 수 있을지 모르지만, 이런 설명들을 종합해 우리에게 금속이 도대체 어떤 것인지에 대한 체계적 설명을 제시할 수는 없을 것이

다. 금속에 대한 통일적 이해를 얻기 위해서는 특정 연구전통(가령 양자역학)에 입각해 되도록 그 전통 내에서 금속의 모든 성질을 이해해보려고 노력하는 것이 올바른 연구방법일 것이다. 물론 그러한 시도가 금속의 모든 성질을 전부 성공적으로 설명하리라는 보장은 없고, 경우에 따라서는 연구의 진척 속도를 더디게 할 수도 있다. 그러나 이런 식으로 특정 패러다임이 지닌 잠재적 설명력을 최대한 탐구해보는 노력은 자연현상에 대한 축적적 지식을 형성하는 데 필수적이라고 할 수 있다.

그러므로 쿤에 따르면 과학지식을 축적하며 진보시키는 데 수렴적 사고가 결정적으로 중요하다. 그리고 수렴적으로 사고하는 것이 창조적으로 사고하는 것과 반드시 충돌하는 것도 아니다. 일반적으로 과학자들이 사용하는 모범사례의 수는 설명하려는 현상보다 훨씬 적다. 그러므로 과학자들은 제한된 수의 모범사례들을 창조적으로 변형해 여러 현상들을 설명해내야 한다. 예를 들면 물리학자들은 아이징 모형(Ising model)[7]이라는 단순한 모형으로 물이 수증기가 되는 현상과 자석이 자성을 띠는 현상, 그리고 큰 도시에서 서로 다른 인종간의 격리가 일어나는 현상 등 겉보기에 매우 다른 현상들을 모두 설명하려고 노력한다. 이러한 경제적이고 통일적인 설명을 위해서는 특정 모형을 잘 연구해서 그 모형으로 설명할 수 있는 최대한을 이끌어내는 능력이 요구되는데, 이런 능력이 과학연구과정에서 창조성의 상당한 부분을 차지한다.

그러나 우리가 진정으로 창조적이라고 평가할 수 있는 과학적 업적들은 쿤의 용어로 표현하자면 과학혁명의 시기, 즉 기존의 패러다임을 뛰어넘는 시기에 이루어진다. 이 과학혁명 시기의 과학적 창조성에는 발산적 사고가 중요함은 의심의 여지가 없다. 기존의 패러다임에 철저하게 얽매여 대안적인 방식으로 연구할 수 있는 가능성을 탐구하지 않는 과학자는 결코 혁명적인 변화를 이룩할 수 없음이 자명하다.

그런데 혁명적 과학을 낳는 창조적 연구에도 수렴적 사고가 필요하지 않을까? 이 책에서 분석한 뉴턴과 아인슈타인의 경우를 다시 생각해보자. 뉴턴과 아인슈타인 같은 혁명적 과학 시기의 과학자들은 우선 자신들이 여태 믿어온 패러다임이 새로운 패러다임이 요구될 만한 위기에 처했음을 인식해야 한다. 그러나 쿤은 이런 점을 인식하는 것 자체가 매우 어렵다는 사실을 강조하고 있다. 어느 시기의 과학에도 난제로 알려진 풀리지 않는 문제들이 존재했지만, 그렇다고 해서 과학자들이 항상 자신들의 연구전통을 포기하고 새로운 전통을 모색하지는 않기 때문이다. 많은 경우 과학자들은 난제들이 언젠가는 기존 패러다임의 방법을 통해 풀릴 것이라는 믿음을 가지고 연구를 계속한다.

언뜻 생각하면 이런 식으로 안 풀리는 문제를 나중으로 미루는 과학자들의 태도는 바람직하지 않은 것으로 여겨질 수 있다. 그러나 과학연구의 역사를 통해 이러한 방식으로 연구를 수행해 성공을 거둔 사례들이 수없이 많다. 천왕성의 궤도가 뉴턴 역학에서 예측한 것과 달랐을 때 몇몇 과학자들은 뉴턴 역학을 포기하고 새로운 이론을 추구해야 한다고 믿었다. 그러나 많은 과학자들은 뉴턴 역학에 대한 믿음을 가지고 아마도 천왕성 외부에 또다른 행성이 존재하기 때문일 것이라고 가정하고 연구를 계속했으며, 결국 연구는 해왕성의 발견으로 이어졌다. 이러한 연구방법은 명왕성 발견에도 또 한번 그 유용성을 발휘했다.

그러므로 현재 안 풀리는 문제가 지금은 안 풀리지만 언젠가는 풀릴 문제인지, 아니면 이것이 기존 패러다임과는 근본적으로 배치되는 문제여서 완전히 다른 패러다임을 요구하는 문제인지를 판단하는 것은 평균적인 능력을 가진 과학자로서는 매우 하기 힘든 일이다. 이러한 인식은 기존의 패러다임이 지닌 잠재적인 설명력의 범위를 짐작할 수 있을 정도로 기존 패러다임에 정통한 과학자만이 할 수 있다. 17세기 과학혁명기에 천문학 분야의 혁명을 이끈 코페르니쿠스는 이런 의미에서 자신이 대체한 아리스토텔레스-프톨레마이오스 체계에 정통한 사람이었다.

요약하자면 혁명적 과학을 시작하는 단계에서 기존의 패러다임이 근본적인 수준에서 문제가 있다는 점을 인식하는 것이 필수적인데, 이를 위해서는 수렴적 사고에 능통한 것이 결정적으로 중요하다. 한 패러다임의 기본적인 성격과 특징에 정통하게 되면 자연스럽게 그 패러다임이 지닌 설명능력의 한계에 대해서도 이해하게 되는 것이다.

수렴적 사고는 혁명을 시작한 사람들뿐 아니라 제안된 이론의 혁명적 특성을 깨닫고 이에 동참해 혁명을 완성하는 과학자들에게도 요구된다. 우리는 흔히 혁명적인 생각을 담은 논문이 세상에 나오면 모든 과학자들이 즉각적으로 그 심원한 의미를 알아차리리라고 짐작한다. 그러나 대부분의 경우 혁명적 논문은 소수의 사람들만 이해할 수 있다. 이는 어떤 논문이 혁명적인 논문임을 알아차리기 위해서도 역시 기존 패러다임의 사고방식에 대한 높은 식견이 있어야 하기 때문이다. 예를 들면, 아인슈타인의 특수상대성이론에 대한 논문이 처음 나왔을 때 많은 물리학자들은 그것이 로렌츠의 전자이론 전통에서 파생된 논문이라고 여겼다. 아인슈타인이 진정으로 혁명적인 생각을 했다는 점을 인식한 사람은 기존의 견해에 정통한 막스 플랑크를 비롯해 몇사람에 불과했다.

즉 과학에서 혁명적 변화를 이룩하기 위해 꼭 필요한 과학적 창조성에는 발산적 사고만큼이나 수렴적 사고가 중요함을 알 수 있다. 이러한 사실은 앞에서 살펴본 뉴턴과 아인슈타인의 예에서도 분명히 드러난다. 뉴턴과 아인슈타인은 당대의 지배적 이론이 가지고 있던 근본적인 문제의 핵심을 정확히 이해하고 있었고, 이러한 이해를 바탕으로 그 해결책을 제시할 수 있었다. 그렇게 하기 위해서 뉴턴은 기존 학자들의 책을 매우 비판적인 방식으로 읽었으며 기존 이론이 지니고 있는 이론적 함축을 끝까지 파고들어서 논리적 혹은 경험적 모순이 발생하지 않는지 확인했다. 아인슈타인도 맥스웰의 전자기학과 역학이론이 지닌 모순을 정확히 이해했기에 그 모순을 해소하기 위한 창조적인 해결책으로 특수상대성이론을 이끌어낼 수 있었다. 마찬가지로 아인슈타인의 일반상대성이론은 기존 중력이론과 역학이론 사이의 심오한 대칭성을 인식하는 데서 출발했다. 물론 기존 이론에 정통하다고 해서 모두 뉴턴이나 아인슈타인이 도달한 것과 같은 수준의 창조적 생각을 할 수 있는 것은 아니다. 하지만 기존 이론의 핵심을 정확하게 이해하고 비판적으로 분석할 수 있는 능력이 과학적 창조성에서 차지하는 부분이 우리가 상식적으로 생각하고 있는 것보다 훨씬 크다는 점은 분명하다.

기존의 아이디어 · 개념 · 이론을 다양하게 조합해서 새로운 아이디어 · 개념 · 이론을 만들어내는 능력을 발산적 사고라고 한다면, 결국 이러한 다양한 아이디어 · 개념 · 이론 중 어느것이 진정으로 의미있고 새로운 것인지를 판별하는 능력은 수렴적 사고라고 할 수 있다. 뉴턴과 아인슈타인같이 기존의 패러다임을 대체하는 새로운 과학 패러다임을 만든 천재는 결국 이러한 발산적 사고와 수렴적 사고 모두에 능했음을 알 수 있다. 진정으로 위대한 창조성은 전통과 혁명 사이의 팽팽한 긴장에서 나오는 것이다.

5

천재성과 과학적 창조성

흔히 매우 높은 수준의 과학적 창조성은 천재적인 과학자에 의해서만 발휘될 수 있다고 한다. 이런 상식적인 이야기에서 '천재성' 이라는 말은 두가지 의미로 사용되고 있다.

'천재적인 과학자' 라는 표현 속에는 천재성이 궁극적으로는 한 개인에게 있는 비범한 능력이라는 의미가 내포되어 있다. 꼬마 신동을 그린 영화(예를 들어 「꼬마 천재 테이트」)에서는 대개 매우 어린 나이에 복잡한 암산을 엄청난 속도로 해내거나, 귀신도 탐낼 만큼 기억력이 탁월한 사람이 등장한다. 실제로 이런 능력은 잘 정의된 문제를 보통사람이 상상하기 어려운 속도로 풀어내는 능력이 포함되어 있고 이런 능력을 가진 사람이 천재임은 비교적 객관적인 방식으로 확인할 수 있다.

그렇지만 우리는 천재적이라는 말을 다른 의미로도 사용한다. 가령 이 세상 모든 물체의 운동을 만유인력의 법칙으로 이해할 수 있음을 체계적으로 논증한 뉴턴의 업적이나 시간과 공간의 새로운 관계를 보인 아인슈타인의 업적이 천재적이라고 할 때, 그때 천재적이라는 말은 과학연구의 일상적인 수준에서는 도달하기 어려운

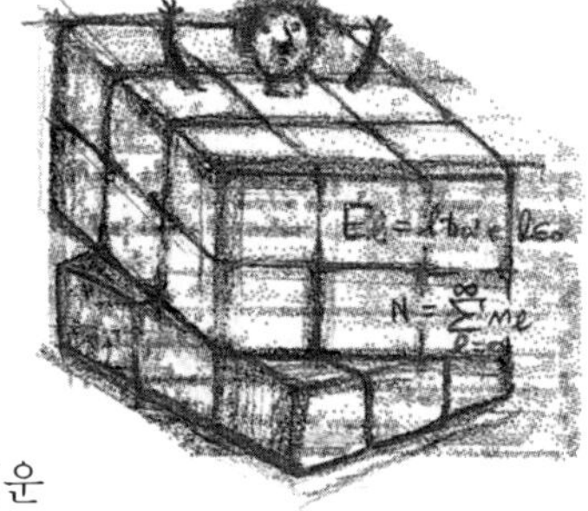

혁신적 수준의 진보를 이루어낸 과학적 작업에 대해 수식어로 사용된 것이다. 물론 이 두 의미는 서로 혼용된다. 가령 "만유인력의 법칙과 같은 천재적인 업적은 뉴턴처럼 천재적인 사람만이 할 수 있다"라는 식의 평가가 바로 그것이다. 그러나 이 경우에도 '뉴턴처럼 천재적'이라는 표현은 뉴턴이 가진 독특한 지적 능력을 서술하고 있다기보다는 뉴턴이 수행한 과학적 업적이 과학의 역사적 발전을 살펴볼 때 매우 혁신적인 것이고 그런 이유로 뉴턴이 천재적인 과학자로 불릴 만하다는 의미가 강하다고 할 수 있다.

정리하자면, 천재성에 대해서는 두가지 서로 다른 직관이 존재한다. 개별 과학자의 능력에 입각한 천재성$_1$과 후대의 과학발전에 끼친 결과를 고려한 천재성$_2$이다. 개별 과학자의 천재성$_1$은 일반 과학자의 그것을 뛰어넘는 초인적인 수학적 · 지적 능력을 의미한다. 후자의 천재성$_2$은 과학적 업적을 수식한다. 이 경우 천재적인 (과학적) 업적이란 그전 세대 과학을 혁신적으로 바꾼 정도나 그 후대의 과학에 끼친 영향의 정도를 의미한다. 그리고 이런 천재적인 작업은 수많은 과학적 업적이 단순히 축적되어서 자연스럽게 얻어질 수 없

는 큰 도약을 요구한다. 이런 의미에서 뉴턴의 만유인력법칙이나 아인슈타인의 상대성이론은 모두 천재적이라고 할 수 있다.

이제 다음과 같은 두가지 질문을 던져보자. 첫째, 과학적으로 천재적$_2$인 업적을 내기 위해서는 그 업적을 낸 과학자가 반드시 천재적$_1$인 능력을 소유해야 하는가? 둘째, 여태까지 천재적$_1$인 능력을 소유한 과학자들은 모두 천재적$_2$인 업적을 냈는가?

두번째 질문이 좀더 답하기 쉽다. 역사적으로 볼 때 천재라고 일찍부터 소문이 났지만 천재적$_2$인 업적을 내지는 못한 과학자는 무척 많다. 이는 천재적$_1$인 능력을 가지고 태어나는 사람들에 비해서 천재적$_2$인 업적의 수가 상대적으로 적다는 사실만 보아도 쉽게 알 수 있다. 실제로 많은 나라에서 영재학교를 운영하고 있으며, 이들 학교에는 각기 정도의 차이가 있지만 평균보다 탁월한 지적 능력을 보이는 학생들이 많이 있다. 이들은 대개 아주 어린 나이에 대학 수준의 공부를 할 수 있으며, 종종 그 분야를 오래 공부한 사람들도 오랜 시간이 걸려야 풀 수 있는 문제를 단숨에 풀어낸다. 그러나 이들이 모두 이후에 천재적$_2$인 업적을 내는 것은 아니다. 이들 중에서 단순히 뛰어난 과학적 업적이 아니라 과학의 발전과정을 혁신적으로 바꿀 혁명적 업적을 내는 사람은 매우 드물다. 그러므로 우리는 천재적$_1$인 과학자라고 해서 반드시 천재적$_2$인 업적을 남길 수 있는 것은 아님을 알 수 있다.

이제 첫번째 질문에 답해보자. 천재적$_2$인 업적을 내기 위해서는 반드시 천재여야 하는가? 다행스럽게도(?) 그렇지 않다. 이 책 전체를 통해 잘 드러나 있듯이 천재적2인 업적을 남긴 사람임에 분명한 뉴턴과 아인슈타인은 모두 매우 뛰어난 지적 능력을 갖추었지만, 그 당시 사람들을 모두 압도할 만한 초인적인 능력을 갖춘 사람은 아니었다.

그러므로 우리는 천재적1인 지적 능력과 과학의 발전에서 매우 중요한 전환점을 마련해주는 천재적2인 업적 사이에 절대적인 상관관계가 없다고 결론내릴 수 있다. 이는 각각의 천재성을 판단하는 기준이 다르기 때문이다. 엄청나게 큰 수의 사칙연산을 눈 깜짝할 사이에 해치우는 능력은 물론 대단한 능력이다. 이러한 능력은 초인적이라고 할 수 있고, 이러한 능력을 가지지 못한 사람이 엄청나게 노력한다고 해서 그런 능력을 가지기 어려우므로 천부적인 것이다. 그런 의미에서 이런 종류의 천재성1은 지극히 개인적인 것이다. 그러나 과학적 작업의 천재성2은 개인적인 특성이 아니다. 이는 다른 작업과의 연관성, 후속 작업에 미치는 영향력 등 많은 요인들이 고려되어 결정되어야 한다. 그런 의미에서 과학적 작업의 천재성2은 과학적 창조성과 매우 깊은 관련이 있다. 단적으로 말하자면 천재적2인 과학연구에서는 과학적 창조성이 번득인다.

과학적 창조성에는 탁월한 지적 능력이 차지하는 비중이 상당하지만(누가 보기에도 바보 같은 과학자가 후세에 길이 남을 창조적인 과학연구를 할 가능성은 매우 낮다), 그럼에도 불구하고 과학적 천재성은 개별 과학자의 개인적 능력 이외에 과학자사회가 어떤 방식으로 수용할 만한 과학지식을 발전시켜나가는지와도 직접적으로 관련된다. 이 책에서 다루는 뉴턴과 아인슈타인을 살펴봐도 같은 결론에 이를 수 있는데, 뉴턴이나 아인슈타인 같은 천재적인 업적을 낸 과학자들조차 신동이나 초인적 지능을 지닌 천재가 아니었기 때문이다. 물론 그들이 매우 뛰어난 지적 능력을 가졌음은 분명하지만, 그들이 창조적인 업적을 낼 수 있었던 것은 뛰어난 지적 능력 이외에도 다른 능력, 가령 날카로운 분석력, 탁월한 종합능력, 세밀한 점에도 주의를 기울이는 관찰력, 한가지 문제에 집중해 끈기있게 연구할 수 있는 능력, 한가지 문제를 다른 문제와 연관시킬 수 있는 능력 등을 지녔기 때문이었다.

물론 이 이야기가 누구나 노력만 하면 뉴턴이나 아인슈타인같이 될 수 있다는 뜻은 아니다. 뉴턴이나 아인슈타인 수준의 비판력과 종합력을 결합시키기란 무척 어려운 일이고, 대부분의 과학자들은 그들만한 지적 능력도 갖추기 힘들다. 그러나 과학적 창조성의 근원을 과학자들의 연구활동과 구체적인 실천의 맥락에서 이해할 수 있다는 사실에서 우리는 과학적 창조성을 '이해하고 발전시킬 수 있는 어떤 것' 으로 인식할 수 있다.

주해

제 1 장

뉴턴과 아인슈타인, 신화를 넘어 창조성으로

1 • 라틴어로 붙여진 원래 제목은 『자연철학의 수학적 원리』(*Philosophiae Naturalis Principia Mathematica*)였으나, 일반적으로 제목의 일부분을 따서 『프린키피아』로 불렸고 이후 이 이름으로 널리 알려졌다.

2 • Alexander Pope(1688~1744). 영국의 풍자시인. 『비평에 관한 에쎄이』에서 "실수를 하는 것은 사람이고 용서하는 것은 신이다"라는 유명한 경구를 남겼고, 호메로스의 『일리아드』와 『오디쎄이』를 번역했다.

3 • John Collings Squire(1884~1958). 케임브리지 출신의 영국 시인. 『뉴 스테이츠먼』(*The New Statesman*)과 『런던 머큐리』(*The London Mercury*)의 편집인을 역임했다.

4 • Johannes Kepler(1571~1630). 독일의 수학자, 천문학자. 1600년 유명한 천체관측자인 티코 브라헤(Tycho Brahe)의 조수로 들어가 브라헤가 관측한 자료들을 수학적으로 계산하는 일을 맡았다. 브라헤가 죽은 뒤 정확하기로 유명하던 그의 방대한 관측자료들을 물려받게 되자, 이를 이용해 화성의 운행궤도를 계산했다. 1609년 그 결과를 출판하면서 '타원궤도

의 법칙'과 '면적속도일정의 법칙'을 발표했으며, 코페르니쿠스의 지동설을 정교하게 발전시켜 지동설의 수학적 · 물리적 기반을 확고하게 만들었다. 광학에서는 렌즈를 통과하는 빛의 경로를 추적해 상이 생기는 것을 다루는 기하광학의 발전에 기여했다. 1611년에 펴낸 『굴절광학』에서는 케플러식 망원경의 원리를 소개하기도 하는 등 광학의 발전에도 중요한 공헌을 했다.

5 • 헨리 루카스(Henry Lucas)의 유산으로 케임브리지대학에 설립된 교수직. 루카스 석좌교수는 수학과 자연과학 분야의 기하학 · 천문학 · 지리학 · 광학 · 역학 등을 가르쳤다.

6 • William Whiston(1667~1752). 영국 케임브리지 출신의 수학자, 뉴턴의 추종자. 1696년에는 혜성이 지구와 부딪혀서 노아의 홍수가 생겼다는 주장으로 신학 논쟁을 불러일으켰다. 1703년 뉴턴의 뒤를 이어 케임브리지대학의 루카스 석좌교수가 됐지만, 그의 종교적 견해가 이단으로 몰려 1710년에 대학을 떠났다.

7 • John Locke(1632~1704). 영국의 철학자, 정치사상가. 계몽철학 · 경험철학의 원조로 일컬어진다. 과학자 중 로버트 보일(Robert Boyle)과 뉴턴의 영향을 받았다.

8 • Christiaan Huygens(1629~95). 네덜란드의 물리학자, 천문학자. 아버지가 데까르뜨와 친분이 있었던 관계로 어려서부터 데까르뜨의 이론을 공부했고, 이후의 중요한 업적들도 주로 데까르뜨의 과학이론을 수정하거나 정교한 형태로 발전시키는 과정에서 나왔다. 역학에서는 원운동을 분석해 오늘날 원심가속도에 해당하는 값을 끌어냈고, 두 물체의 충돌을

다룬 데까르뜨의 이론을 수정해 충돌하는 물체의 속도와 운동량 변화에 관한 이론을 만들어냈다. 빛이 파동으로 구성되어 있다는 전제로 광학이론을 전개했으며 이것은 오늘날 파동의 전파방식을 기술한 '호이겐스의 원리'로 알려져 있다. 1666년에 프랑스 과학아카데미(Académie des Sciences)가 설립되자 외국인 회원으로 초청되었다. 1681년까지 빠리에 머물면서 과학아카데미의 명성을 높이는 데 기여했다.

9 • Edmond Halley(1656~1742). 영국의 천문학자. 1682년의 혜성이 1531년, 1607년에 등장한 혜성과 같은 것이라는 사실을 밝혀냈다. 이 업적을 기리기 위해 그의 이름을 따서 이 혜성을 '핼리혜성'이라고 부른다.

10 • Guillaume de l'Hôpital(1661~1704). 프랑스의 수학자. 미분해석학에 대한 첫번째 교과서를 썼고, 함수의 극한에 대한 '로삐딸의 정리'를 남겼다.

11 • Joseph John Thomson(1856~1940). 영국의 실험물리학자. 케임브리지의 캐븐디시(Cavendish) 연구소 소장으로 재직하던 1897년에 전자를 실험적으로 발견해 원자구조에 대한 지식을 혁명적으로 변화시키는 데 공헌했다. 1906년 노벨 물리학상을 수상했다.

12 • Aristoteles(BC 384~322). 고대 그리스의 철학자. 플라톤의 제자였지만, 초월적인 세계인 이데아를 중시하고 이데아세계와 현실세계를 구분하는 이원론적인 세계관을 지닌 플라톤과는 달리 그 구분을 버리고 현실세계를 주 대상으로 하는 일원론적인 세계관을 펼쳤다. 아리스토텔레스의 연구영역은 철학 · 문학 · 과학 등 오늘날 학문의 거의 모든 영역에 걸쳐 있을 만큼 방대했다. 자연철학에서 아리스토텔레스는 자연계에서 일어나는 각종 변화에 주목하면서 그 변화를 4개의 원인(질료인 · 형상인 · 동

력인 · 목적인)으로 설명하려고 했다. 10~11세기 이슬람의 지식이 서유럽으로 전파되었을 때, 서유럽세계에서 상당부분 잊혀져 있던 아리스토텔레스의 저작도 상당수 유입되어 이후 중세인들의 우주관에 지대한 영향을 미쳤다. 알렉산더대왕의 스승이기도 했다.

13 • 뉴턴이 활동한 시대의 과학자(기계적 철학자)들은 자연현상을 물질과 운동만으로 설명하려고 했다. 이들이 비판한 아리스토텔레스주의 자연철학은 자연에 형상(form)과 질료(quality)가 실재한다고 간주했다. 기계적 철학자들에게 색깔은 빛이 우리의 신경에 야기한 감각이었고, 아리스토텔레스주의자들에게 색깔은 물질에 실재하는 질료 중 하나였다.

14 • Gottfried Wilhelm von Leibniz(1646~1716). 뉴턴과 같은 시대를 산 독일 최고의 수학자, 철학자. 뉴턴과는 미적분학의 발견을 놓고 우선권 논쟁을 벌였으며, 1715~16년에 뉴턴의 제자 클라크(Samuel Clarke)와도 철학 · 형이상학 논쟁을 주고받았다.

15 • 뉴턴이 『프린키피아』 2판에 덧붙인 주석. 중력과 진공이 존재하는 뉴턴의 우주가 함축하는 신학적 의미를 설명하면서 신이 자연에 지속적으로 개입함을 강조했고, "나는 가설을 세우지 않는다"라는 유명한 방법론을 천명했다.

16 • Max Planck(1858~1947). 독일의 물리학자. 1900년 흑체복사의 실험결과를 설명하는 과정에서 '에너지 양자' 개념을 제시했는데 이것이 후에 양자역학의 가장 기본적인 아이디어가 되었다.

17 • Hendrik Antoon Lorentz(1853~1928). 네덜란드의 물리학자. 난해한 맥스웰(James Clerk Maxwell)의 이론을 전자 개념에 기초해 이해하기 쉽

게 고쳤다.

18 • Jules Henri Poincaré(1854~1912). 프랑스 에꼴 뽈리떼끄니끄 출신의 수학자, 철학자. 응용수학과 물리학의 생산적인 관계를 잘 보여준다. 현대 혼돈이론의 기초를 마련했으며 과학방법론 문제에 관심을 기울여 과학활동에서 규약적 요소가 갖는 중요성을 강조했다. 아인슈타인과 마찬가지로 시공간의 성격에 대한 문제와 서로 다른 장소의 시계를 동시화(synchronization)하는 문제에 관심이 많았다.

19 • Hermann Minkowski(1864~1909). 독일에서 활동한 러시아 출신의 수학자. 쾨니히스베르크대학에서 공부한 후 1895년 같은 대학의 교수가 되었고, 1896년에는 쮜리히대학, 이어서 1902년에는 괴팅겐대학 교수가 되었다. 아인슈타인의 특수상대성이론을 기하학의 형태로 재해석해 3차원의 공간과 네번째 차원에 해당하는 시간을 묶어서 4차원 시공세계를 제안한 것으로 유명하다. 아인슈타인이 스위스연방공과대학 학생으로 있을 때 수학 교수였다.

20 • 19세기 초 프랑스 물리학의 한 조류에서는 빛 · 열 · 전기 · 자기 등의 현상을 설명하기 위해 '무게 없는 유체'를 도입했는데, 빛과 관련된 무게 없는 유체를 '빛 에테르', 전기나 자기와 관련된 것을 '전자기 에테르'라고 불렀다. 특히 빛 에테르는 빛이 전자기파라는 것이 밝혀지면서 전자기 에테르와 동일한 것으로, 빛을 포함한 전자기파를 전달하는 매질로서 매우 중요한 역할을 한다고 여겨졌다. 아인슈타인의 상대성이론 이후 에테르는 불필요한 개념임이 밝혀졌다.

 21 • 2차원 벡터의 차원을 3차원 이상으로 확장한 양을 뜻한다.

22 • 유클리드기하학은 5개의 공리에 기반해서 이루어지는데, 그중 마지막 공리에 따르면 평면상에서 2개의 평행선은 서로 만나지 않는다. 비유클리드기하학은 유클리드기하학과 4개의 공리는 동일한 반면, 마지막 공리에서 2개의 평행선이 만날 수도 있다는 가정하에 전개된 기하학이다.

23 • Marcel Grossmann(1878~1936). 독일의 수학자. 쮜리히의 스위스연방공과대학에서 수학을 공부했으며 이후 그 대학의 기하학 교수가 되었다. 그로스만은 아인슈타인과 동급생이었는데, 아인슈타인이 수업을 결석하고는 종종 그로스만의 강의 노트를 빌려서 봤다고 한다. 또한 그로스만은 아인슈타인이 일반상대성이론의 난해한 수학계산에 어려움을 느끼고 있을 때 도움을 주었다.

24 • Robert Oppenheimer(1904~67). 미국의 물리학자. 제2차 세계대전 동안 원자탄을 만든 로스 알라모스 연구소의 소장으로 일했으며, 그런 이유로 '미국 원자탄의 아버지'라고 불린다. 후에 프린스턴대학의 고등연구소 소장을 역임했다.

25 • Galileo Galilei(1564~1642). 이딸리아의 천문학자, 물리학자, 수학자. 망원경을 이용해 최초로 천체를 관측한 후 달 표면이 매끄럽지 못하고, 목성이 4개의 위성을 지니고 있고, 금성이 달처럼 위상변화한다는 것을 발표해 지동설을 지지하는 근거로 사용했다. 또한 지구가 움직일 경우 발생하는 운동의 문제, 예를 들면 지구가 움직이는데도 지구상에서 그것을 전혀 느끼지 못하는 이유를 고민하면서 관성과 같은 근대역학의 중요한 개념들을 제안했으며, 등가속도운동을 수학적으로 분석하는 등 근대역학의 중요한 기틀을 마련했다. 문장력 또한 뛰어나서 재미있고 설득력

있는 글로 지동설을 대중적으로 퍼뜨리는 데 기여했다. 이 때문에 로마 교황청의 종교재판에 서는 운명을 맞기도 했다.

26 • René Descartes(1596~1650). 프랑스의 철학자, 수학자, 물리학자. 당시 유행하던 극심한 회의주의에 맞서 지식의 확실한 기반을 세우고자 했다. '체계적 회의' 라는 방법을 통해 자신 주변의 모든 것을 의심한 데까르뜨는 주변의 모든 것이 다 거짓 혹은 환상이라 하더라도 '생각하는 나' 라는 존재 자체는 부정할 수 없다는 결론에 도달해 "나는 생각한다, 고로 나는 존재한다"(cogito, ergo sum)라는 유명한 말을 남겼다. 그는 '사고하는 나' 라는 명명백백한 존재 위에 확실한 지식을 쌓아올리는 방법을 사용해 지식의 확실성을 보장하려고 했다. 그의 과학연구도 이런 종류의 작업 중 하나라고 할 수 있는데, 광학에서는 빛의 굴절법칙을 발견하고 색에 관한 이론을 발표했으며 역학에서는 직선관성 개념을 제시했다.

27 • Robert Boyle(1627~91). 영국의 화학자, 물리학자. 실험철학의 주창자로 근대과학에서 실험이 중요한 방법으로 자리잡는 데 크게 기여했고, 화학을 연금술과 분리해 근대화학의 기틀을 쌓았다. 1662년에는 후크(Robert Hooke)와 함께 공기펌프를 사용한 실험을 수행해서 유명한 '보일의 법칙' 을 발표했다.

28 • James Clerk Maxwell(1831~79). 영국의 물리학자, 수학자. 패러데이가 고안한 전자기장(field)이라는 개념을 발전시켰고 4개의 '맥스웰의 방정식' 을 통해 당시의 전자기학을 종합하고 한 단계 높여놓았다. 또 전자기파와 빛의 속도가 같다는 것을 예측하고 빛이 전자기파의 일종일 것이라고 예견했다. 케임브리지의 캐븐디시 연구소의 초대 소장을 맡아서 후학

양성에 힘쓴 결과, 19세기 후반 영국 물리학이 이론과 실험 양면에서 세계적인 명성을 얻게 하는 데 공헌했다.

29 • Ludwig Boltzmann(1844~1906). 오스트리아의 이론물리학자. 주된 업적은 고전역학과 원자론을 바탕으로 전개한 열이론인데, 기체분자의 운동에 관한 맥스웰의 이론을 발전시켜 열의 평형상태를 논한 '맥스웰-볼츠만 분포'를 확립했다.

30 • Heinrich Rudolf Hertz(1857~94). 독일의 물리학자. 19세기 독일 물리학계의 거장인 헬름홀츠(Hermann von Helmholtz)의 제자로, 1885년 칼스루에대학의 교수가 된 이후로 '전자기작용과 절연체의 편극 사이의 관계를 실험적으로 정립하는 문제'에 중점을 두고 연구를 지속하여 1887~88년에 전자기작용이 유한한 속도로 전파된다는 것을 실험으로 증명하는 데 성공함으로써 전자기파를 발견했다.

31 • Robert Hooke(1635~1703). 영국의 화학자, 물리학자, 천문학자. 실험에 뛰어난 재능을 보여서 보일 등의 실험 조수로 참여해 그들의 연구에 중요한 공헌을 했다. 그 역시 뛰어난 연구자로 뉴턴의 연구에 상당히 근접한 아이디어들을 가지고 있기도 했고 간혹 뉴턴에게 중요한 자극을 주기도 했다. 이 때문에 후크는 뉴턴이 자신의 아이디어들을 훔친 것으로 오해하기도 했다. 1667년 발표한 『마이크로그라피아』에서는 빛을 진동이라고 주장했다.

32 • August Föppl(1854~1924). 라이프찌히대학의 공학자. 학생시절 아인슈타인이 읽고 큰 영향을 받은 『맥스웰의 전기이론 입문』을 썼다.

33 • Michele Angelo Besso(1873~1955). 이딸리아 출신의 스위스 수학자.

베쏘는 52년 동안 개인적인 이야기뿐만 아니라 이론물리학에 관해 편지를 주고받은 아인슈타인의 평생 친구였다. 아인슈타인은 자신의 특수상대성이론 논문에서 베쏘로부터 도움을 받았음을 언급했다. 베쏘와 아인슈타인은 베른의 특허국에서 같이 근무했으며 매우 가깝게 지내면서 날마다 일하러 가는 길에 물리학에 관한 이야기를 나누었다고 한다.

34 • Richard Bentley(1662~1742). 케임브리지대학의 트리니티칼리지 학장을 40년간 역임한 신학자, 고전학자. 뉴턴의 추종자였으며 보일 강연(Boyle Lectures)에서 뉴턴 과학의 신학적 의미에 대해 설파했다.

35 • Samuel Clarke(1675~1729). 케임브리지대학에서 뉴턴의 자연철학을 공부했으며 후에 노리치(Norwich)의 주교가 되었다. 1715~16년에 뉴턴의 자연철학을 비판한 라이프니츠와 다섯 차례의 서신을 교환하면서 우주에서 신의 역할, 시공간의 본질, 물질의 본성 등에 대해 격렬한 논쟁을 벌였다.

36 • Willem 'sGravesande(1688~1742). 네덜란드의 라이든대학에서 법률을 공부했다. 런던에서 외교관 생활을 하다가 뉴턴을 만난 뒤 뉴턴의 자연철학에 심취, 이를 설파하기 시작했다. 1717년에 라이든대학의 수학·천문학 교수가 되었고, 1734년에는 같은 대학의 철학 교수가 되었다.

37 • John Desaguliers(1683~1744). 프랑스에서 태어나 영국에서 활동한 실험철학자. 옥스퍼드대학을 나온 뒤 뉴턴을 만났고, 뉴턴의 자연철학을 실험을 통해 대중에게 강연하는 일을 했다. 1712년 왕립학회의 강사가 되었고, 1714년에는 큐레이터가 되었다. 증기기관을 개량하는 데에도 중요한 역할을 했다.

38 • François Marie Arouet Voltaire(1694~1778). 프랑스의 철학자, 문필가. 당시 사회를 풍자한 『깡디드』라는 작품을 남겼으며, 뉴턴 과학과 데까르뜨 과학에 대한 비교를 담고 있는 『영국에서 온 편지』와 뉴턴 자연철학 입문서인 『뉴턴 철학의 원리』를 저술했다.

39 • James Ferguson(1710~76). 스코틀랜드 출신의 기계공, 실험철학자. 뉴턴이 설명한 태양계의 운동을 자동으로 모방하는 태양계의(太陽系儀) 제작으로 유명하다. 그의 책은 10판까지 출간되었다.

40 • Tom Telescope(1713~67). 당시 영국 런던에서 어린이책 출판업을 하고 있던 존 뉴버리(John Newbery)의 가명이다.

41 • 왕립학회(Royal Society)는 1660년 런던에 설립된, 현존하는 가장 오래된 과학단체이다. 설립 당시 전문적인 과학자들보다는 주로 젠트리 계층으로 구성되었고 회원들이 정기적으로 모여서 시범 실험을 했다. 이 책에 등장하는 보일, 후크, 핼리 등은 모두 왕립학회의 회원이었으며 후에 뉴턴은 학회의 회장직을 맡기도 했다.

42 • Francis Bacon(1561~1616). 영국의 정치가, 철학자. 『신논리학』을 통해 중세의 사변적인 학풍에서 벗어날 수 있는 새로운 학문 방법을 제시했다. 무수히 많은 관찰과 실험에 기반해서 자연의 진리에 접근해가는 귀납법을 과학에 도입했으며, 협동연구를 위한 과학자 단체를 만들 것을 강조함으로써 근대과학의 방법론에 큰 영향을 끼쳤다.

43 • Jean Baptiste Biot(1774~1862). 프랑스의 물리학자, 천문학자, 수학자. 『라쁠라스의 천체역학 해석』의 저자로 널리 알려졌다. 1804년 게이뤼싹(Gay-Lussac)과 함께 기구를 타고 공중으로 올라가 대기에 관한 여러 현

상을 연구했으며, 같은 해 빠리대학의 천문학 교수가 되었다. 광학 부문에서는 편광면의 회전에 관한 뛰어난 업적을 냈다.

44 • John Conduitt(1688~1737). 뉴턴의 조카사위. 뉴턴의 열렬한 추종자로, 노년의 뉴턴 곁을 지키면서 회고담을 듣거나 부인인 캐서린을 통해 뉴턴의 일화를 들었다. 사과 일화 중 일부도 그를 통해 전해진 것으로 알려졌다.

45 • William Stukeley(1687~1765). 영국의 고고학자. 스톤헨지(stonehenge, 석기시대의 거대한 돌기둥) 연구로 유명하다.

46 • David Brewster(1781~1868). 스코틀랜드 출신의 물리학자. 빛의 편광에 대한 '브루스터의 법칙'을 발견했다. 만화경(kaleidoscope)을 발명했으며, 뉴턴을 비롯한 17세기 과학자들의 전기를 쓰기도 했다.

47 • Augustus de Morgan(1806~71). 영국의 수학자. 케임브리지대학 출신으로 복소수에 대한 기하학적 해석, 수리논리분야의 개척과 '드모르간의 정리'로 유명하며, 뉴턴의 전기를 썼다.

48 • Percy Bysshe Shelley(1792~1822). 영국의 낭만파 시인. 「사슬에서 풀린 프로메테우스」 등의 작품을 남겼다.

49 • 1854년 스위스 정부에 의해서 종합 고등교육학교(polytechnic) 형태로 건립되었으며, 1855년 쮜리히에서 개교했다. 1969년까지는 스위스의 유일한 국립대학이었으나 현재는 쮜리히와 로잔느에 있는 2개 대학과 4개의 국립 연구소들로 이루어진 '연방공과대학 집단'(ETH domain) 중 하나가 되었다.

50 • Arthur Stanley Eddington(1882~1944). 영국의 천체물리학자. 그리니치 천문대와 케임브리지대학의 플루미언 천문학 교수를 역임했다. 『별의

내부 구성』『상대성이론의 수학』 등의 저작을 남겼고, 특히 영국에서 상대성이론을 널리 알리는 데 많은 힘을 기울였다. 1919년에 일식을 이용해 일반상대성이론의 예측을 관찰로 확인했다.

51 • Joseph Larmor(1857~1942). 아일랜드 출신의 영국 수학자, 물리학자. 전자기학과 열역학 등에 업적을 남겼으며 뉴턴이 역임한 케임브리지대학의 루카스 석좌교수를 지냈다.

52 • Oliver Lodge(1851~1940). 영국의 물리학자. 전자기학 분야에 많은 업적을 남겼다. 에테르의 존재를 믿었기 때문에 에테르를 부정한 상대성이론은 받아들이지 않았다.

53 • Pablo Picasso(1881~1973). 스페인의 입체파 화가. 「아비뇽의 처녀들」「게르니카」 등의 작품을 남겼다.

54 • Sigmund Freud(1856~1939). 오스트리아의 신경과 의사. 정신분석의 창시자.

55 • Henri Bergson(1859~1941). 프랑스의 철학자. 『물질과 기억』『창조적 진화』 등의 저서가 있으며, 1927년 노벨 문학상을 받았다.

56 • Gustave Flaubert(1821~80). 프랑스의 소설가. 『보바리 부인』 등의 저서가 있다.

57 • Louis Zukofsky(1904~78). 미국의 시인, 작가.

58 • Ezra Pound(1885~1972). 미국의 시인.

59 • Virginia Woolf(1882~1941). 영국의 소설가, 비평가. 『등대로』『올랜도』 등의 작품이 있다.

제 2 장

뉴턴, 풍차와 흑사병 그리고 '기적의 해'

1 • Herbert Butterfield(1900~79). 역사학자. 저서 『근대과학의 기원』을 통해 유럽사에서 과학혁명의 중요성을 새롭게 부각시켰다.

2 • Nicolaus Copernicus(1473~1543). 폴란드의 천문학자. 『천구의 회전에 관하여』를 통해 중세 지구 중심의 천동설을 부정하고 태양 중심의 우주 체계인 지동설을 제안한 것으로 유명하다.

3 • 뉴턴 이전의 중세적 세계관에서는 달을 기준으로 그 위의 천상계와 그 아래의 지상계를 구분하고 각각의 영역에서 일어나는 현상들을 서로 다른 원리로 설명했다. 이에 비해 뉴턴의 만유인력은 천상계와 지상계의 구분을 버리고 천상계의 별과 지상계의 사과를 똑같은 법칙으로 설명했다. 이런 점에서 만유인력(萬有引力, universal gravitation)은 그 명칭이 나타내는 것만큼이나 보편적(universal)이고 모든 것에 존재하는〔萬有〕 것이라고 할 수 있다.

4 • 영국 중세 후기에 생긴 중산적(中産的) 토지 소유자층. 신분상 귀족 아래이고 자작농인 요먼리(yeomanry) 위로, 가문의 문장을 사용할 수 있었다.

5 • Isaac Barrow(1630~77). 영국의 수학자, 신학자. 1663년 루카스 석좌교수 자리가 신설되자 최초로 그 자리를 맡았다. 기하광학을 연구했고 미적분학의 기초적인 아이디어를 내놓기도 했다. 배로우가 뉴턴에게 미친 영향에 대해서는 평가가 다양한데, 가장 신뢰할 만한 뉴턴 연구자로 평가받는 웨스트폴에 따르면, 배로우가 뉴턴의 과학에 직접적인 아이디어

를 준 것은 아니었지만 수학에 대한 흥미를 자극했다는 점에서 영향을 미쳤다고 할 수 있다. 또한 종신직인 루카스 석좌교수 자리를 일찍 그만두고 뉴턴에게 물려준 점만으로도 뉴턴의 일생에서 중요한 역할을 했다.

6 • Werner Heisenberg(1901~76). 독일의 이론물리학자. 양자론의 진보에서 지도적 역할을 했다. 불확정성원리 연구와 양자역학 창시의 업적으로 1932년 노벨 물리학상을 받았다.

제 3 장

프리즘으로 세상을 읽다

1 • Pierre-Simon Laplace(1749~1827). 프랑스의 천문학자, 수학자. 뉴턴이 질량을 가진 두 물체 사이에 작용하는 인력으로 천체현상을 설명한 것처럼 열 · 빛 · 전기 · 자기 같은 미시적인 현상들을 가까운 거리에 놓여 있는 작은 입자들 사이에 작용하는 인력으로 설명하고자 한 '라쁠라스 프로그램'을 주도했다. 19세기 초 나뽈레옹의 지지에 힘입어 프랑스 과학계에 큰 영향력을 발휘하면서 라쁠라스 프로그램을 발전시켰다. 천문학과 역학 분야에서 뉴턴이 남겨놓은 문제, 특히 행성의 섭동(攝動) 문제들을 해결해 『천체역학』으로 집대성해서 19세기 물리학에 큰 기여를 했으며, 확률론 · 해석학 · 행렬론 등을 발전시켜 근대수학에도 공헌했다.

2 • 빛의 간섭원리(principle of interference of light)란 파동의 특유한 성질이다. 서로 다른 2개의 파동이 만나면 둘은 하나로 합쳐지게 된다. 예를 들어 평평한 수조에 물을 담아놓고 수조의 양 끝에서 파동을 발생시키면

~ 모양의 수면파가 발생한다. 두 수면파는 수조의 중앙부에서 만나면서 하나의 물결을 이루게 된다. 이때 두 수면파 모두 ⌒ 상태라면 두 수면파가 만나서 생기는 새로운 수면파는 원래 높이의 2배에 해당하는 파동을 만든다(보강간섭). 그러나 두 수면파 중 하나는 ⌒ 상태인 반면 다른 하나는 ◡ 상태에 놓여 있다면 두 수면파의 합으로 만들어지는 새로운 수면파의 높이는 0이 된다(상쇄간섭). 이렇게 진동수가 같고 진동방향이 평행인 2개의 파동이 만나서 극대 혹은 극소의 파동을 만들며 밝고 어두운 무늬를 만들어내는 것을 간섭이라고 한다.

3 • Thomas Young(1773~1829). 영국의 의사, 물리학자, 고고학자. 의사로서 눈의 해부학적 구조, 시각 등에 관심을 가졌다가 그것이 발전해 빛에 관한 연구를 하게 되었고, 빛의 간섭원리를 발견해 파동이론을 지지하는 증거로 사용했다. 고전어 연구에도 조예가 깊어서 고대 이집트 상형문자 해독에 관여하기도 했다.

4 • Augustin Jean Fresnel(1788~1827). 프랑스의 물리학자. 라쁠라스가 주도한 '라쁠라스 프로그램'에서는 빛을 입자로 파악한 반면 프레넬은 빛을 파동으로 생각했다. 빛이 직진하다 원반을 만나면 뒤에 원반형의 그림자가 생긴다는 것은 두말할 필요가 없을 것이다. 프레넬은 만약 빛이 파동이라면 원반 그림자의 중앙부에 밝은 점이 생길 것이라고 예측했는데, 실험결과 그러한 점이 발견되어서 빛의 파동설을 지지하는 중요한 증거가 되었다(이 점은 '프레넬의 점'이라고 불린다). 빛의 파동설을 수학적으로 정교하게 다듬은 것으로도 유명하다.

5 • 간섭과 함께 파동이 보이는 독특한 성질 중 하나. 파동이 진행하다가 장

애물을 만나면 파동의 상당부분은 반사되지만 일부는 장애물을 돌아서 그 뒤까지 퍼져나가는데, 이것을 회절(diffraction)이라고 한다. 예를 들어 길모퉁이를 돌아서서 눈에 보이지 않게 된 사람의 목소리가 들리는 것은 음파가 길 모서리에서 회절했기 때문이다. 회절은 파장이 길고 장애물 사이의 틈새가 좁을수록 잘 일어난다. 이 때문에 파장이 짧은 빛에서는 회절현상을 관찰하기 어려운 반면, 파장이 긴 소리에서는 회절을 쉽게 관찰할 수 있다.

6 • 전기장이나 자기장의 세기와 방향 등이 변화하면 그 주위에 새로운 자기장이나 전기장이 생긴다. 이때 기존의 전기장 · 자기장과 새로 생긴 전기장 · 자기장이 상호작용을 하면서 그 변화가 공간을 통해 파동의 형태로 전파되는데 이를 전자기파(electromagnetic wave)라고 한다. 즉 전기와 자기의 작용이 공간 속으로 물결처럼 퍼져나가는 현상으로서, 가시광선(빛)도 전자기파의 일종이다. 파장영역에 따라 라디오파 · 적외선 · 가시광선 · 자외선 · 엑스선 · 감마선 등으로 나뉜다.

7 • 고대부터 근대 초까지 많은 사람들은 천체현상과 인간사 사이에 일정한 대응관계가 있다고 생각했다. 따라서 별의 움직임과 변화를 관찰해서 예측하면 인간사의 앞날을 예측할 수 있다고 보았다. 점성술(astrology)이란 천체의 변화를 관측하고 예측해 점을 치는 것으로, 고대에는 전쟁, 반란 등 나라의 운명을 보려는 목적이 강했으나 점차 개인의 운명을 점칠 목적으로 행하는 경우가 많아졌다. 별의 움직임을 관측한다는 점에서 점성술은 천문학과 밀접한 관련이 있었고 어느정도 천문학의 발전에 기여했다. 케플러는 "점성술은 천문학의 어머니"라고 평가하기까지 했다.

8 • 공기 중에서 진행하던 빛이 물을 만나면 빛의 일부는 물 속으로 들어가지만 일부는 수면에서 반사된다. 이처럼 파동이 한 매질(공기)에서 운동하다가 새로운 매질(물)을 만나게 되면 파동의 일부는 진행방향을 정반대로 바꾸어 원래의 매질(공기)로 돌아오게 되는데, 이것을 반사(reflection)라고 한다. 이에 비해 일부 파동은 반사되지 않고 새로운 매질(물)로 들어가게 되는데, 새로운 매질로 들어간 파동은 대체로 속도가 변해 진행방향이 휘게 된다. 이것을 굴절(refraction)이라고 한다.

9 • 결정적 실험(experimentum crucis)이란 2개의 대립하는 이론이 있을 때 이중에서 하나를 선택할 수 있게 만드는 결과가 나오는 실험을 가리킨다.

10 • 뉴턴은 '뉴턴의 고리' (Newton's ring)로 불리는 얇은 막의 간섭현상을 실험했다. 편평한 유리판 위에 반경이 큰 구면의 표면을 가진 유리판(렌즈)을 겹쳐놓은 후 유리판 위에서 수직으로 빛을 보내면 구면에서 반사하는 빛과 아래의 평면에서 반사하는 빛이 서로 간섭해 고리 모양의 무늬가 생긴다. 고리의 줄무늬 간격은 중심에서 바깥쪽으로 갈수록 가늘어지고, 햇빛을 사용하면 간섭 줄무늬에 색이 생기는데, 중심에서부터 검정 · 파랑 · 하양 · 노랑 · 빨강 · 보라 · 파랑 · 초록의 순이다.

제 4 장

사과에서 만유인력까지

1 • Tycho Brahe(1546~1601). 덴마크의 천문학자. 덴마크 왕이 제공한 섬에 '하늘의 성' (Uraniborg)이라는 천문대를 설치하고 육안으로 천체관측을

실시했다. 그가 남긴 자료는 망원경을 사용하지 않고 육안으로 정확하게 관측한 것으로 정평이 나 있다. 1600년에 관측자료를 계산할 목적으로 케플러를 조수로 고용했는데 그 다음해에 사망하는 바람에 방대한 관측자료가 케플러에게 넘어가게 되었다.

2 • 르네쌍스기 유럽에는 다양한 사상적 조류들이 유입되었다. 그중 하나인 신플라톤주의(Neo Platonism)에 따르면 우주는 기하학적 원리에 따라 만들어졌고, 우주의 구조에는 기하학적인 조화가 들어 있다. 신플라톤주의에 심취해 있었던 케플러는 행성 운행의 규칙성에서 이 조화를 찾으려고 했고, 이것은 케플러의 연구에 중요한 동기로 작용했다.

3 • 기계적 철학에서 배격하려고 한 것 중 하나가 르네쌍스기의 물활론적 자연관이다. 물활론적 자연관에 따르면 자연의 모든 사물 속에는 활동적인 원리가 들어 있어서 이것들의 공감(sympathy)과 반감(antipathy)에 따라 자연계에 변화가 생긴다. 예를 들어 자석의 N극과 S극이 서로 잡아당기는 것은 N극과 S극에 들어 있는 활동적 원리들이 서로 공감해서 끌어당기기 때문이다. 데까르뜨는 물활론적 자연관을 배척하고 대신 수동적인 물질과 그것의 운동으로만 자연현상을 설명하려고 했다.

4 • 기원전 300년경에 활동한 유클리드가 저술한 수학책. 오늘날 우리가 배우는 기하학의 기본적인 공리들이 모두 담겨 있을 만큼 기하학 분야에서 가장 기본적인 책이라고 할 수 있다. 총 10권으로 구성되어 있고 기하학뿐만 아니라 대수학 내용도 담고 있다.

5 • 데까르뜨가 저술한 해석기하학책. 여기서 데까르뜨는 좌표계를 도입해 기하학 문제를 해결하려고 시도함으로써 유클리드의 기하학과는 다른

모습을 보였다.

6 • 심리학에서는 기억을 장기기억과 단기기억으로 구분한다. 친구에게서 이메일 주소를 듣고 메일을 한번 보낸 뒤 곧 잊어버리는 것 같은 경우는 단기기억에 해당하고, 자신의 주민등록번호를 기억하는 것같이 오랫동안 유지되는 기억은 장기기억에 해당한다.

7 • John Keynes(1883~1946). 영국의 경제학자. 기존의 경제정책이던 자유방임주의의 대안으로 정부가 개입해 공공지출을 할 필요가 있다는 학설을 주장했다. 말년에는 뉴턴이 남긴 미출판 사료를 매입했다.

제 5 장

아인슈타인, 영재였나 둔재였나

1 • Maria Winteler-Einstein(1881~1951). 아인슈타인의 여동생. 1909년 베를린대학에서 박사학위를 받고 다음해 파울 윈텔러와 결혼했다. 1933년 미국으로 망명했으며, 말년에는 아인슈타인과 함께 프린스턴에서 살았다.

2 • Heinrich Friedrich Weber(1843~1912). 독일의 물리학자. 스위스연방공과대학의 물리학 교수를 역임했다. 아인슈타인은 1897~98년에 베버의 열역학 · 전기 · 자기에 대한 강의를 들었다.

3 • 당시 스위스의 실업학교는 '상급실업학교'(Oberrealschule)에 해당했다. 독일어권 지역에서는 해당 연령층의 3% 정도만이 우리나라의 중고등학교에 해당하는 김나지움, 실업계 김나지움(Realgymnasium) 또는 상급실업학교에 진학했고, 대학인 고등기술학교(Technische Hochschule)와

공과대학에는 약 1~2% 정도가 진학했다.

4 • Mileva Marič(1875~1948). 헝가리 남부에서 태어난 밀레바 마리치는 김나지움에 다니던 2년 동안 물리학과 수학에서 최고의 성적을 거두었다. 1894년 스위스로 옮긴 후 계속해서 물리학을 공부했으며 연방공과대학에서 아인슈타인을 만나 결혼했다.

5 • 행렬식 성적은 학년별 성적 기록에는 학점을 취득하지 않은 것으로 되어 있으나 최종 성적 기록에는 5가 기록되어 있다.

제 6 장

빛과 시계 맞추기

1 •『물리학 연보』는 1799년에 『물리학과 화학 연보』라는 이름으로 창간되었다가, 1900년 드루데가 비데만의 뒤를 이어 편집 책임자가 되면서부터 '화학'이란 말이 빠지게 되었다. 19세기 내내 프랑스의 『화학과 물리학 연보』(1789) 영국의 『철학지』(1798) 『왕립학회 회보』(1856) 등과 경쟁적인 위치에 있었으며, 20세기 물리학에서 앞서 있던 학술지 중 하나였다.

2 • Hermann von Helmholtz(1821~94). 독일의 물리학자, 생리학자. 처음에는 생리학과 관련된 물리현상을 연구하다가 1871년 베를린대학 물리학 교수가 되면서 전기역학 · 유체역학 · 음향학 · 광학 · 기상학 · 인식론 등 다양한 분야에 공헌했다. 에너지보존법칙을 정량화했으며 빛의 분산이론, 지각에 관한 삼원색설 등으로도 유명하다.

3 • Albert Abraham Michelson(1852~1931). 미국의 물리학자. 1885년경부

터 몰리(Edward Morley)의 협력하에 에테르에 대한 지구의 상대운동을 검출하는 실험을 간섭계를 사용해 실행해서 부정적인 결과를 확인했다.

4 • 이 전자는 전자기현상을 일으키는 기본 입자로 상상되던 것으로, 처음에는 지금 우리가 알고 있는 전자와 다른 것이었으며 과학자마다 그 크기와 특성을 제각각으로 추정했다. 톰슨의 실험은 전자의 질량이 수소원자 질량의 1/1000보다 작고 음전하를 띠고 있음을 보여주었다.

5 • 방사성 물질에서 나오는 방사선에는 2개의 양성자와 2개의 중성자로 이루어진 (헬륨 핵과 같은) 알파선, 빛의 속도에 가깝게 운동하는 전자인 베타선, 그리고 짧은 파장의 전자기파인 감마선의 세 종류가 있다.

6 • Max Abraham(1875~1922). 독일의 물리학자. 플랑크의 제자로 1902년 전자의 질량이 전자기적 작용에 의해 생긴다는 전자이론을 주창했다.

7 • 여기서 '날릴레오가 측정한 시간 = 갈릴레오가 측정한 시간'에 주목하기 바란다. 등속운동하는 두 사람이 측정한 시간이 동일하다는 것은 뉴턴 역학에서는 상식이다. 하지만 아인슈타인은 너무나 당연한 이 상식적인 생각을 뛰어넘음으로써 바로 특수상대성이론을 형성하는 가장 중요한 열쇠를 발견할 수 있었다.

8 • Ernst Mach(1838~1916). 오스트리아의 물리학자, 과학사가, 철학자. 빈대학에서 물리학과 수학을 공부한 후 1867년 프라하대학의 실험물리학 교수가 되었다. 1868년에는 질량상수를 논하여 뉴턴 역학의 기초를 다지고, 1870년에는 『에너지보존법칙의 역사와 기원』이라는 책을 펴내 에너지론의 기초를 닦는 등 물리학의 기초적 분석과 체계화에 이바지했다. 특히 1883년에 펴낸 『역학』은 아인슈타인에게 큰 영향을 미쳤다.

9 • 이것은 영국의 과학자 패러데이가 1931년에 발견한 '전자기유도현상' 에 대한 패러독스였다. 전자기유도현상은 막대자석 주위에서 금속고리를 움직이면 그 금속고리에 전류가 유도되는 현상으로, 고리를 그대로 두고 자석을 움직여도 같은 결과가 생긴다. 그러나 이 두 경우에 대한 이론적 해석은 상이했다. 맥스웰 이론에 따르면 자석이 움직일 경우에는 시간에 따라 변하는 자기장이 전기장을 만들고 이 전기장이 금속고리 속의 전하를 운동하게 만드는 반면, 도선이 움직이는 경우에는 전기장이 생기지 않는다. 자석이 움직이건 도선이 움직이건 이 두 물체의 상대운동은 똑같지만, 전혀 다른 물리적 결과가 나타나는 것이다. 아인슈타인은 특수상대성이론에 대한 논문의 첫머리에서 이 문제를 지적하고 있는데, 바로 푀플의 교과서가 이 문제에 내재한 패러독스를 인식하게 해주었다.

10 • Wilhelm Wien(1864~1928). 독일의 물리학자. 키르히호프(Gustav Kirchhoff)와 헬름홀츠의 영향을 많이 받았다. 1893년 복사 자체에 열역학을 적용하는, 당시로서는 지극히 대담한 방법으로 복사의 법칙, 즉 빈의 법칙을 이론적으로 이끌어냈고, 1896년 볼츠만 분포를 이용해 복사의 분포식(빈의 분포식)을 만들어 플랑크 양자가설의 선구가 되었다. 1911년 흑체복사 연구 업적으로 노벨 물리학상을 받았다.

11 • 『물리학 연보』는 첫번째 논문은 엄격히 심사하는 편이지만 두번째 논문부터는 거의 심사하지 않고 그대로 게재하는 정책을 취하고 있었기 때문에 첫 논문 출판은 나름대로 의미있는 성취였다.

12 • Paul Karl Ludwig Drude(1863~1906). 독일의 이론물리학자. 광학과 전자기학 분야, 특히 금속전자론에 관한 공헌이 크다.

13 • 광전효과 등과 같이 빛이 생성과 변화가 개입하는 현상을 설명하기 위해서는 빛이 일종의 입자라고 가정하는 것이 유리하다는 가설이다. 빛이 입자인지 파동인지에 대한 논쟁과 더불어 20세기 초에 가장 첨예한 문제 중 하나였다. 광전효과나 컴프턴 효과는 빛을 파동이라고 보지 말고 '빛알' 이라는 입자로 보아야만 제대로 설명할 수 있다. 국내에서 기존에 정착된 용어는 일본어식의 '광량자' 또는 '광자' 인데, 현재는 '빛알' 이라는 용어가 더 널리 쓰이고 있다.

14 • 이어지는 본문은 아인슈타인의 설명을 이해하기 쉽게 약간 고친 것이다.

15 • 그 무렵 아인슈타인은 교수자격심사에 통과하고 나서 특허국에서 일하면서 동시에 베른대학에서 사강사(Privatdozent)로 강의를 하고 있었다.

16 • Thomas Kuhn(1922~96). 미국의 과학사학자, 철학자. 1949년 하바드대학에서 물리학 박사학위를 취득하고 모교에서 강의했다. 당시 하바드대학 총장인 코넌트(James Connant)의 권유로 과학사 강의를 맡으면서 과학사의 과학철학적 함의에 대해 깊이 탐구하기 시작했다. 그런 연구에 바탕해 1962년에 출판한 『과학혁명의 구조』에서 '패러다임론' 을 주장했다. 패러다임이란 특정분야의 과학자집단이 공유하는 이론 · 법칙 · 지식 · 사회적 믿음 · 관습 등을 통틀어 일컫는 개념이다. 쿤은 과학의 발전은 개별적 발견이나 발명의 축적에 의해 점진적으로 이루어지는 것이 아니라 패러다임의 교체에 의해 혁명적으로 이루어지며, 이러한 변화를 '과학혁명' 이라고 불렀다. 쿤이 제시한 새로운 과학관은 과학과 과학철학뿐만 아니라 사회과학을 포함한 기타 광범위한 영역에서 활발한 논의를 불러일으켰다. 저서로는 『코페르니쿠스 혁명』『본질적인 긴장』『흑체

이론과 양자불연속성』 등이 있다.

17 • Leopold Infeld(1898~1968). 폴란드 출신의 물리학자. 크라코프대학에서 박사학위를 받았다. 아인슈타인과 천체물리학 공동연구를 한 바 있으며 바르샤바대학의 이론물리학연구소를 창립했다. 1938년 아인슈타인과 공동명의로 『물리학의 진화』를 출간했다.

18 • 이 책은 흔히 아인슈타인이 쓴 물리학 해설서로 알려져 있지만 사실 인펠트가 쓴 것이다. 미국 망명 이후 생활고에 시달리던 인펠트는 판촉을 위해 아인슈타인에게 이름을 빌려달라고 부탁했고, 그 결과 두 사람의 공저로 출판되었다.

제7장

시간과 공간에 대한 가장 행복한 생각

1 • 좀더 전문적인 측면에서 보면 특수상대성원리나 일반상대성원리의 더 적절한 이름은 '특수공변성원리'(Principle of Special Covariance), '일반공변성원리'(Principle of General Covariance)가 될 것이다. '공변성'(共變性, covariance)은 좌표변환과 같은 꼴로 변환된다는 의미이다. 특수공변성이란 로렌츠 변환에 대해서 공변한다는 것이며, 일반공변성이란 임의의 일반적인 좌표변환에 대해 똑같은 방식으로 변환된다는 것이다.

2 • 1921년 2월, 저명한 학술지 『네이처』(*Nature*)는 상대성이론에 대한 특집호를 준비했고, 아인슈타인은 이 특집호에 싣기 위해 「상대성이론의 기초개념과 방법들의 전개」라는 원고를 작성했다. 하지만 『네이처』에 싣기

에는 너무 길었기 때문에 출판되지 않았다. 다행히 이 초고는 보존되었고, 뉴욕의 피어폰트 모건(Pierpont Morgan) 도서관에 소장되었다.

3 • Karl Friedrich Gauss(1777~1855). 독일의 수학자. 수학에 이른바 수학적 엄밀성과 완전성을 도입했으며, 수리물리학에서 독립된 순수수학의 길을 개척해 근대수학을 확립했다. 물리학, 특히 전자기학 · 천체역학 · 중력론 · 측지학 등에도 큰 공헌을 했다.

4 • Georg Friedrich Bernhard Riemann(1826~66). 독일의 수학자. 1851년 괴팅겐대학에서 수학으로 학위를 받고 1854년 같은 대학에서 교수자격심사를 통과한 후, 1859년에 정교수가 되었다. 짧은 생애를 통해 많지 않은 논문을 발표했음에도 수학의 여러 분야에 획기적인 업적을 남겼다. 복소함수론 · 위상기하학 · 적분론 · 정수론 등을 연구했다. 비유클리드 기하학 중에서도 리만기하학, 즉 양의 곡률을 갖는 공간(공의 표면처럼 생긴 공간)에서의 기하학에 대한 연구로 유명하다. 말년에는 전자기이론에 사용되는 편미분방정식의 성질에 대해 연구했다.

5 • Gregorio Ricci-Curbastro(1853~1925). 이딸리아의 수학자. 1875년 삐사대학에서 미분방정식에 대한 연구로 박사학위를 받고 독일로 건너가 클라인 밑에서 공부한 후 1880년 빠도바대학의 수학 교수가 되었다. 리만기하학을 연구해 제자인 레비치비따(Tulio Levi-civita)와 함께 텐서해석학의 기초를 세웠다.

6 • 편의상 함수를 중고등학교 교과서처럼 표기했다. 아인슈타인은 다른 표기법을 사용했다. 좀더 정확히하자면 좌표값과 좌표값의 미분량을 구별해 '$(ds)^2=f(x, y)(dx)^2+g(x, y)(dy)^2+2h(x, y)dxdy$' 라고 표시해야 한다.

7 • n차원에서 두 점 사이의 거리를 구하기 위해 필요한 거리함수의 수는 n개의 좌표축에서 순서에 상관없이 중복을 허용해 2개의 좌표축을 선택하는 경우의 수와 같다. 2차원(x축과 y축)에서는 $x^2(=xx)$, y^2, xy의 3가지 경우가 있고, 4차원(x, y, z, t)에서는 x^2, y^2, z^2, t^2, xy, xz, …… zt의 10가지 경우가 있다.

8 • Elsa Löwenthal(1876~1936). 아인슈타인의 사촌이자 둘째 부인. 1917년부터 베를린에서 아인슈타인과 함께 살면서 그의 건강을 돌봤다. 1919년에 아인슈타인과 결혼했고, 1933년에는 자신의 두 딸과 아인슈타인과 함께 미국으로 건너가 사망할 때까지 프린스턴에서 살았다.

9 • '나는 발견했다' 라는 뜻의 그리스어. 아르키메데스가 욕조에 들어가다가 욕조의 물이 넘치는 현상을 보고 왕관과 같은 불규칙한 물체의 부피를 재는 방법을 발견하고는 "유레카!"라고 외치며 벌거벗은 채로 거리를 질주했다고 한다.

제 8 장

천재만이 창조적인가

1 • 자연세계에서 일어나는 현상들은 일반적으로 수많은 원인과 결과들의 중첩을 통해 발생한다. 예를 들어 어떤 금속의 온도가 올라가는 현상이 관찰되었을 때 그 현상은 햇빛을 쬐어서 발생했을 수도 있고 전기나 기타 다른 원인에 의해서 발생했을 수도 있는데, 일반적으로 자연적인 상황에서는 이 원인들이 모두 조금씩은 한꺼번에 작용하게 된다. 그러나 근대

과학은 특정한 인과관계를 다른 인과관계와 고립시켜서 연구하고 나중에 이를 종합해 자연현상을 설명하려는 특징이 있는데, 이를 분석적 방법(analytic method)이라고 한다. 가령 앞의 예에서 전기만 흘려주었을 때 금속의 온도변화는 어떨지를 연구하는 것이다. 그러나 금속에 전기만 통하고 빛이나 다른 열은 전혀 가해지지 않은 상황을 자연상태에서 얻기는 거의 불가능하므로, 금속에 통해준 전기의 세기와 금속의 온도변화 사이의 정량적 인과관계를 알아내기 위해서는 인공적으로 그런 상황을 만들어서 실험을 할 필요가 있다. 즉 금속의 온도변화에 영향을 끼칠 수 있는 모든 원인 중에서 오직 전기만 남겨두고 나머지를 모두 제거한 통제된 상황에서 실험을 수행하고 그 결과에 기반해서 과학지식을 생산하게 된다. 이러한 통제실험의 사용은 근대 이후 과학연구의 주요한 방법론적 특징이 되었다.

2 • 금속에는 금속이온들이 규칙적으로 배열되어 있다. 금속 내의 전자들은 이 이온들이 만들어낸 일정한 주기를 가진 위치에너지의 영향을 받는다. 그래서 결국 금속 내의 전자들은 블로흐 정리(Bloch theorem)에 의해 주어지는 특정한 에너지값들만을 가질 수 있는데, 이런 전자의 에너지값들이 구성하는 띠 모양의 구조를 밴드구조라고 하고 그 구조의 물리적 특성을 연구해 금속의 성질을 설명하는 이론을 밴드이론이라고 한다.

3 • 논리실증주의는 형이상학을 거부하고 어떤 명제가 최소한 원리적으로라도 실험에 의해서 증명 가능해 참이나 거짓으로 판명이 되거나 혹은 될 수 있어야만 의미가 있다는 검증 가능성의 원리를 기본으로 삼는다.

4 • 하나의 과학적 발견이 어떠한 과학적 · 철학적 · 역사적 맥락에서 이루어

졌는지에 대한 논의로, "패러데이가 어떠한 과정을 통해 전자기유도법칙을 발견하게 됐는가"라는 질문은 발견의 맥락에 해당한다고 할 수 있다.

5 • 발견된 과학적 지식의 검증이나 실험에 관련된 것으로, 과학적 지식을 합법화하기 위해 사용하는 논리적 · 시험적 기준을 적용하는 것을 말한다.

6 • 이 책은 패러다임에 대한 쿤의 한층 정리된 생각을 담은 후기가 덧붙여져서 1970년에 제2판이 나왔다.

7 • 아이징 모형은 독일의 물리학자 렌츠가 자신의 박사과정 학생인 아이징과 1924년 강자성체(ferromagnet)의 성질을 설명하기 위해 처음으로 제안했다. 강자성체 내의 원자들은 결정마당(crystal field)이라는 매우 복잡한 영향을 받는데, 그 결과 원자들이 서로 같은 방향으로 배열되어 있을 때 전체 에너지를 낮추고 서로 반대방향일 때는 에너지를 높이게 된다. 결국 강자성체는 전체적으로 한 방향의 자성을 가지게 됨으로써 낮은 에너지 상태에 있을 수 있다. 아이징과 렌츠는 이 점에 착안해 원자들이 적당히 모인 것들이 +1과 -1 중에서 한 값을 갖는 스핀(spin)이라는 단위를 이루고 스핀으로 이루어진 전체계는 서로 인접한 스핀이 같은 값을 갖는 상태를 선호한다는 모형을 만들었다. 그후 물리학자들은 이 모형을 통해서 자기장이 걸리지 않아도 강자성체가 자성을 띠는 소위 '자발적 자기화' (spontaneous magnetization) 현상을 설명할 수 있었다. 물리학자들은 아이징 모형을 강자성체 이외의 대상에 대해서도 창조적으로 해석해냄으로써 갖가지 현상을 설명하는 데 사용했고, 아이징 모형은 물리학의 모형이 겉보기에 서로 매우 다른 물리계에 동시적으로 적용될 수 있는 좋은 사례를 제공해주었다.

참고문헌

Aschcroft, Neil W. and N. David Mermin, *Solid State Physics*, Philadelphia: Saunders College 1976.

Baird, K. A., "Some Influences on the Young Isaac Newton," *Notes and Records of the Royal Society of London 41*, 1987, 169~79면.

Bernstein, Jeremy, *Einstein*, New York: The Viking Press 1973. (제레미 번스타인(1976) 『아인슈타인 1, 2』, 장회익 옮김, 서울: 전파과학사)

Bishop, Michael, "Conceptual Change in Science: The Newton-Hooke Controversy," Peter Achinstein and Laura J. Synder, eds., *Scientific Methods: Conceptual and Historical Problems*, 1994, 21~43면.

Cohn, I. Bernard, "Newton's Discovery of Gravity," *Scientific American 244*, 1981, 166~79면.

________, "The Principia, Universal Gravitation, and the 'Newtonian Style' in Relation to the Newtonian Revolution in Science," Zev Bechler, ed., *Contemporary Newtonian Research*, D. Reidel Publishing Company 1982, 21~108면.

Dobbs, B. J. T., "Newton's Alchemy and His 'Active Principle' of Gravitation," P. B. Scheurer et al., ed., *Newton's Scientific and Philosophical Legacy*, P. B. Scheurer et al. Kluwer Academic Publisher 1988, 55~80면.

Einstein, Albert., "Zur Electrodynamik bewegter Körper," *Annalen der Physik* 17, 1905, 891~921면.

Fisher, Michael E., "Simple Ising Model Still Thrive," *Physica 106A*, 1981, 28~47면.

Galileo, Galilei, *Dialogue concerning the two chief world systems, Ptolemaic & Copernican*, Stillman. Drake, tr., Berkeley: University of California Press 1967. 원본(*Dialogo sopra i due massimi sistemi del mondo Tolemaico e Copernicano*)은 1632년 발행.

Galison, Peter, "The Einstein's Clocks: The Place of Time," *Critical Inquiry 26*, 2000, 355~89면.

Gouk, Penelope, *Music, Science and Natural Music in Seventeenth-Century England*, New Haven and London: Yale University Press 1999.

Hakfoort, Casper, "Newton's Optics: the Changing Spectrum of Science," John Fauvel, Raymond Flood, Michael Shortland and Robin Wilson, eds., *Let Newton be!* Oxford: Oxford University Press

1998, 81~100면.

Hall, A. Rupert, *All Was Light: An introduction to Newton's Opticks*, Oxford: Oxford University Press 1993.

Holton, Gerald, "Influences on Einstein's Early Work," *Thematic Origins of Scientific Thought: Kepler to Einstein*, Cambridge MA: Harvard University Press 1973, 197~217면.

Holton, Gerald, *Thematic Origins of Scientific Thought: Kelper to Einstein*, Cambridge: Harvard University Press 1973, Part II.

Ishiwara, J. *Einstein Koēn-Roku*, Tokyo: Tokyo-Yosho 1977.

Keat, Russell and John Urry, *Social Theory as Science*, London: Routledge 1975.

Kuhn, Thomas S., *The Essential Tension: Selected Studies in Scientific Tradition and Change*, Chicago, IL: The University of Chicago Press 1977.

________, *The Structure of Scientific Revolutions*, 2nd edition, Chicago, IL: The University of Chicago Press 1970.

Losee, John, *A Historical Introduction to the Philosophy of Science*, 3rd edition, Oxford: Oxford University Press 1993.

Miller, Arthur I., *Albert Einstein's Special Theory of Relativity: Emergence(1905) and Early Interpretation(1905~1911)*, Addison-Wesley 1981.

Norton, John, "How Einstein found his field equations: 1912~1915," *Historical Studies in the Physical Science*, 14(2), 1984, 253~316면.

Pais, Abraham, *Suble is the Lord The Science and the Life of Albert Einstein*, Oxford: Oxford University Press 1982.

________, *Subtle is the Lord: The Science and the Life of Albert Einstein*, New York: Oxford University Press 1982, Chapter 4, 9~15면.

Popper, Karl R., *Conjectures and Refutations: the growth of scientific knowledge*, 4th edition, London: Routledge 1972.

Pyenson, Lewis, *The Young Einstein, The Advent of Relativity*, Bristol: Adam Hilger Limited 1985.

Renn, Jürgen and Tilman Sauer, "Heuristics and mathematical representation in Einstein's search for a gravitational field equation," Hubert Goenner et al., eds., *The expanding worlds of general relativity, Einstein Studies*, vol. 7, 1999, 87~125면.

Roche, John, "Newton and Alchemy," Brian Vickers, ed., *Occult and Scientific Mentalities*, Cambridge University Press 1984, 315~35면.

Rynasiewicz, Robert, "The Construction of the Special Theory," Don Howard and John Stachel, eds., *Einstein: The Formative Years, 1879~1909*, Boston: Birkhauser 2000, 159~202면.

Sepper, Dennis L., *Newton's Optical Writings: A Guide Study*, New Brunswick: N. J. Rutgers University Press 1994.

Stachel, John, "Einstein on the Theory of Relativity," Albert Einstein, ed. and intro., *Einstein's Miraculous Year: Five Papers That Changed the Face of Physics*, Princeton: Princeton University Press 1998, 101~21면.

________, "Einstein's search for general covariance, 1912~1915," Don Howard and John Stachel, eds., *Einstein and the history of general relativity*, Einstein Studies, vol 1, 1989, 63~100면.

________, "How Einstein discovered general relativity: a historical tale with some comtemporary morals," M.A.H. MacCallum, ed., *General Relativity and Gravitation: Proc. 11th Int. Conf. on General Relativity and Gravitation*, Cambridge: Cambridge University Press 1987, 200~208면.

________, "The genesis of general relativity," H. Nelkowski, Armin Hermann, Hans Poser, R. Schrader, and Ruedi Seiler, eds., *Einstein Symposion Berlin*, Springer 1979, 428~42면.

Stachel, John, ed., *The Collected Papers of Albert Einstein, vol. 1*: The Early Years 1879~1902, Princeton: Princeton University Press 1987.

Suppe, Frederick, ed., *The Structure of Scientific Theories*, 2nd edition, Urbana, IL: University of Illinois Press 1977.

Westfall, Richard, *Never at Rest: A Biography of Isaac Newton*, Cambridge University Press 1980.

________, *The Life of Isaac Newton*, Cambridge: Cambridge University Press 1993.

White, Michael and John Gribbin, *Einstein, A Life in Science*, Harmondsworth: Penguin Books 1994.

Whiteside, D. T., "The Prehistory of the Principia from 1664 to 1686," *Notes and Records of the Royal Society of London 45*, 1990, 11~61면.

Woolhouse, R. S., *The Empiricists*, Oxford: Oxford University Press 1988.

| 저자 약력 |

김재영 대학에서 물리학을 전공하고 중력에 대한 연구로 석사를, 상대론과 양자론에 대한 메타동역학적 분석으로 박사를 마쳤다. 『에너지, 힘, 물질: 19세기의 물리학』을 함께 번역했고, 『로버트 게로치 교수의 물리학 강의: 과학을 전공하지 않은 학생을 위한 일반상대성이론』 등을 번역했다. 서울대학교 과학문화연구쎈터의 연구원으로 일했으며 현재는 독일 베를린에 있는 막스 플랑크 과학사연구소에서 20세기 물리학의 역사와 철학 연구에 집중하고 있다. 이 책의 6장과 7장을 이관수와 함께 썼다.

박민아 대학에서 물리교육학을 전공하고 과학사 및 과학철학 협동과정에서 윌리엄 톰슨에 대한 연구로 석사를 받았다. 현재는 같은 과정에서 분광학의 역사에 대한 박사논문을 준비중이며 한양대와 홍익대에서 강의를 하고 있다. 현대사회에서 과학기술이 갖는 의미를 다양한 시각에서 분석한 『과학기술의 철학적 이해』를 함께 저술했으며 과학의 문화화, 과학사를 이용한 과학교육 등에 관한 다양한 주제에 관심을 가지고 있다. 이 책의 4장을 썼으며 이현경과 함께 2장을 썼다.

이관수 대학에서 물리학을 전공하고 과학사 및 과학철학 협동과정에서 맥스웰의 기체분자운동론에 대한 연구로 석사를, 컴퓨터를 사용한 통계적 계산방법인 몬테 칼로 방법의 역사에 대한 연구로 박사를 받았다. 『사회 속의 과학, 과학 속의 사회』라는 책을 함께 썼으며 현재 과학기술교육대와 서울대에서 강의하고 있다. 최근에는 정보(information)에 대한 복합학적 연구가 어떤 과정을 거쳐 자리잡게 되었는가를 연구하고 있다. 이 책의 6장과 7장을 김재영과 함께 썼다.

이상욱 대학에서 물리학을 전공하고 양자적 혼돈현상에 대한 연구로 석사를 받은 후, 과학사 및 과학철학 협동과정으로 옮겨 과학철학 박사과정을 수료했다. 런던대학교에서 자연현상을 모형을 통해 이해하려는 여러 방식에 대한 논문으로 박사를 받았고, 이 논문으로 2001년 로버트 맥켄지 상을 수상했다. 그후 런던정경대학 철학과에서 객원교수로 활동하다 현재는 한양대학교 철학과 교수로 있다. 『과학기술의 철학적 이해』 『한국의 교양을 읽는다』를 함께 썼고 물리학과 생물학의 구체적인 사례를 바탕으로 과학기술철학의 다양한 주제를 연구하고 있다. 이 책의 책임편집을 맡았으며 '책머리에'와 8장을 썼다.

이현경 대학에서 물리교육학을 전공하고 과학사 및 과학철학 협동과정에서 빛의 간섭현상에 대한 토마스 영의 연구에 대한 논문으로 석사를 받았다. 같은 과정 박사과정에 입학했고 동아사이언스 과학문화연구센터의 연구원으로 일하면서 과학연극 「아인슈타인의 이상한 나라」와 같은 다양한 과학 관련 행사들의 기획에 참여했다. 최근에는 과학 커뮤니케이션과 과학의 대중화 등으로 관심분야를 넓혀가고 있다. 이 책의 3장을 썼으며 박민아와 함께 2장을 썼다.

장회익 대학에서 물리학을 전공하고 미국 루이지애나 주립대학교에서 고체물리학 연구로 박사학위를 받았다. 서울대학교 물리학과 교수로 오랫동안 재직하면서 물리학 연구뿐 아니라 『과학과 메타과학』 『삶과 온생명: 새 과학문화의 모색』 등과 같은 저서와 다양한 학술활동을 통해 과학에 대한 올바른 이해를 증진하는 데 힘을 쏟았다. 현재는 지리산 자락에 있는 녹색대학에서 미래의 녹색운동가들에게 과학적 사고의 중요성을 가르치고 있다. 이 책의 5장을 썼다.

홍성욱 대학에서 물리학을 전공한 후 과학사 및 과학철학 협동과정에서 패러데이에 대한 연구로 석사를, 전기공학의 형성에 중요한 역할을 한 플레밍에 대한 연구로 박사를 받았다. 1992년 미국과학사학회가 주는 슈만 상을 수상했고, 토론토대학의 과학기술사와철학과에서 교수로 재직했으며, 지금은 서울대학교 생명과학부 교수로 있다. *Wireless: From Marconi's Black-Box to the Audion*, 『생산력과 문화로서의 과학기술』『네트워크 혁명』『파놉티콘』『과학은 얼마나?』 등을 저술했다. 19세기 물리학사와 통신기술사를 주로 연구하며, 과학과 미술, 근대 과학기술과 근대성의 형성 등과 같은 폭넓은 주제에 대해서도 관심이 있다. 이 책의 책임편집을 맡았으며 1장을 썼다.

홍정아 일러스트레이터로 이 책의 그림을 그렸다. MBC여성시대 사보, 『디딤돌』, 한국 교육미디어 교과서 등의 그림을 그렸고, 현대영어사, 교원, 대교, 웅진 등에서 작업하였다. 1994년 출판미술대전에서 입상하였고 2003년에는 「일상상상」전(展)에 참여했다

뉴턴과 아인슈타인,
우리가 몰랐던 천재들의 창조성

초판 1쇄 발행 • 2004년 2월 5일
초판 12쇄 발행 • 2021년 7월 6일

지은이 • 홍성욱 · 이상욱 외
그린이 • 홍정아
펴낸이 • 강일우
편집 • 염종선 김태희 김경태 성경아
펴낸곳 • (주)창비
등록 • 1986년 8월 5일 제85호
주소 • 10881 경기도 파주시 회동길 184
전화 • 031-955-3333
팩시밀리 • 영업 031-955-3399 편집 031-955-3400
홈페이지 • www.changbi.com
전자우편 • nonfic@changbi.com

ISBN 978-89-364-1205-0 03400